KB137893

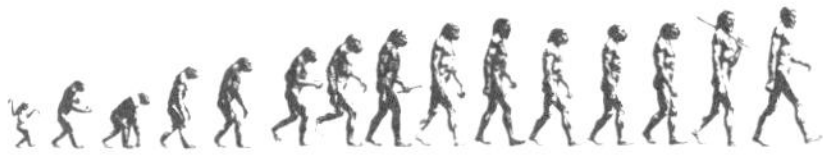

L'EFFET DARWIN
by Patrick Tort

© Éditions du Seuil, 2008
Korean translation copyright © Geulhangari Publishers, 2019

Published by arrangement with Éditions du Seuil
through Sibylle Books Literary Agency, Seoul.

문명의 진화적 승리

다윈에 대한 오해

파트리크 토르

박나리 옮김

글항아리

차
례

| 일러두기 |

1. 각주는 모두 지은이의 것이며, 본문 내 [ ]로 부연한 것은 옮긴이 주다.
2. 인명, 지명 등 고유명사 표기는 국립국어원의 외래어표기법에 따랐다.
3. 도서명은 번역해서 실었으며, 인명과 서명의 원어는 찾아보기를 통해 밝혔다.

오늘날 더는 입증할 필요가 없으나 널리 알려야 하는 사실이 있다. 오랫동안 받아들여져왔으며 현재에도 여전히 일반 담화를 지배하는 인간과 문명, 그리고 인간 사회에 관한 다윈의 사상이 그 외면적 양상과는 완전히 정반대라는 것이다.

다시 말해 다윈과 그의 인류학에 관한 흔한 오해는 오래도록 진실을 억누르며 일종의 역사적 우위를 점해왔다. 쟁점이 워낙에 거대한 만큼 우리는 이런 질문을 던지게 된다.

그 흔한 오해란 대체 무엇인가?

다윈은 정해진 환경 내의 생존경쟁에서 가장 덜 적응된 생물의 패배를 전제로 하는, 자연선택 기제에 입각한 생물 진화론의 창시자다. 그런 이유로 단순하고 체계적인 도식을 인간 사회에 가장 끔찍하게 '적용한' 예들도 다윈의 탓으로 치부됐다. 야만적 식민주의나 문화 학살, 노예제와 성차별주의까지 말이다.

그러나 다윈은 개인적인 사회 참여를 통해 이 모든 것에 일생 반대했을 뿐 아니라, 자신의 인류학 저서에서(무엇보다도 특히 1871년 작 『인간의 유래』[1]에서) 이러한 예들에 맞서 싸우기 위한 최선의 이론적 논거를 제시하기도 했다.

'자연 투쟁'을 다룬 훌륭한 이론가인 다윈은 실제로 인간과 인간 사회의 진화 차원에서 문명과 평화의 사상가였을 뿐 아니라 도덕의

---

1 찰스 다윈, 『인간의 유래와 성선택』, London, John Murray, 1871, 2 vol. 1874년 같은 출판사에서 개정 2판이 발간되었는데 특히 1부 말미(7장 「인간의 종에 관하여」)와 토머스 헨리 헉슬리의 「인간과 유인원의 뇌 구조와 발달에 있어 유사점과 차이점에 관하여」(pp. 199~206)라는 추가적인 주석을 비롯해 많은 부분이 보충되었다. 프랑스에서는 장자크 물리니에의 번역으로 파리의 라인발트출판사에서 1872년에 카를 포크트의 서문을 달고 『인간의 계보와 자연선택』이라는 제목의 두 권짜리 책으로 출간되었다. 번역자와 서문 집필자 모두 제네바 출신이다. 동일한 서문을 실은, 에드몽 바르비에가 개정한 2판이 역시 라인발트출판사에서 1873~1874년에 출간되었다. (물리니에는 1872년 42세의 나이로 사망했고, 바르비에는 그보다 10년가량 더 오래 살았다.) 역시 같은 출판사에서 프랑스어본(헉슬리의 주석을 합한 1874년판 영국어본을 저본으로 한 바르비에 번역본) 개정 3판이 1881년에 재출간되고 1891년에 재개정되었는데 바르비에는 포크트의 서문을 그대로 두었다. 포크트는 물리니에가 1865년에 번역하고 바르비에가 개정한 라인발트출판사의 1878년 프랑스어본 2판 『인간에 관한 강의, 지구의 형성과 그 역사에 있어 인간의 위치』의 저자다. 이 다윈의 주요 저작에서 우리가 종종 인용할 부분은 슬라트키네출판사의 판본에서 참조한 것이다. 이 판본은 1874년 영어본 2판 3쇄(1877년)를 번역하여 최종 개정하고 다윈이 1876년 11월 2일 「네이처」 지에 발표한 「원숭이의 성 선택에 관한 추가 주석」을 함께 싣고 있다. 이 『인간의 유래와 성선택』(Paris, Syllepse, 1999, p. 826)은 파트리크 토르의 지휘 아래 프림이 번역하고 파트리크 토르의 서문인 「찰스 다윈의 뜻밖의 인류학」을 첨부해서 현재 슬라트키네출판사가 출간한 『다윈 전집』(전22권)의 첫 번째 책이다. 'Descent(유전/조상)'라는 용어를 번역하는 데 있어 프랑스에서 20세기 말까지 관행상 쓰였던 'Descendance'라는 허용 불가능한 용어 대신 'Filiation'이라는 용어가 오늘날 제대로 자리 잡았음을 밝힌다.

가장 설득력 있는 계보학자였다. 계통발생학적으로 설명한 자연주의적 유물론의 범위를 종교와 가톨릭교회가 늘 초월적 의무 영역에 포함시켰던 '도덕'을 취급하는 데까지 넓혔던 것이다.

이 책에서는 이러한 진실을 밝히고,『인간의 유래』에서 정식으로 주창된 다윈 사상의 핵심적 측면이 왜 그토록 오랫동안 묻혔거나 잘못 해석되었는지를 알리고자 한다. 이것이 위대한 학설의 역사에서 매우 독특한 현상인 만큼, 오늘날 학계는 이러한 현상의 원인을 밝히고 가능하다면 그 효과를 전복시키는 데에 전념하고 있다.

오해가 생겨난 배경

/

매우 일반적인 사실로부터 시작해보겠다. 다윈은 사람들이 곧잘 인용하지만 실제로 잘 '읽지는' 않는 저자다. 여기에는 저술한 작품의 분량이 워낙 방대하다는 사실 외에 또 다른 주요한 원인이 존재한다. 그것은 연구 범위가 제아무리 다양하더라도, 다윈이 단 하나의 논증만을 전개하여 보여주었을 뿐이고(다양한 관계 속의 자연을 해석하는 데 적용된 자연선택설의 정확성을 증명했다), 사실상 단 한 권의 책을 저술했다는 점이다. 다윈은 이 '거대한 책'[2]을 한 권으로 낼 수 없었기 때문에 각각의 장章으로 분절해 책으로 묶어야만 했다.

1859년 11월 24일에 출간된『종의 기원』[3]은 널리 알려진 바와 같이 이 방대한 책의 요약본에 불과하다. 한편 1868년 1월 30일에 출간된『사육 재배되는 동식물의 변이』[4]는 어마어마한 양의 참고 자료를 기반으로『종의 기원』의 첫 두 장을 발전시켰다. 1871년 2월 24일에 발간된『인간의 유래』는 동물학과 인류학 간의 필연적인 연관성을 단언하는 동시에『종의 기원』마지막 장에 실은 신중한 논리에 화답한다. 그러는 한편『종의 기원』의 마지막 개정판인 6판이 출간된 지 열 달이 지난 1872년 11월 26일에는『인간과 동물의 감정 표현』[5]을 펴내『인간의 유래』를 한층 확장했다. 다윈은 다양하고 폭넓은 자연주의적 지식을 지녔음에도 그것을 오로지 이 이론 하나를 입증하는 데 썼다. 이런 남다른 박학다식함은 독자로 하여금 그의 논증을 철저하게 분석할 필요를 느끼지 못하게 했다. 게다가 때로는 입문자들을 위해 정리한 단락에서조차 자연사 비전공 독자들에게 꾸물거리지 말고 본론으로 직행하라고 충고함으로써 다윈 본인이 이러한 현상을 더욱 부추겼을 수 있다. 다윈이 저술한 텍스트의

---

2 이는 다윈이 1856년부터 1858년까지 생물 종에 관해 저술한 그 유명한 저서(이른바 '종에 관한 대단한 책')를 말한다. 첫 번째 장이『사육 재배되는 동식물의 변이』이며, 두 번째 장은 자연선택에 할애됐다. 이 두 번째 장은 로버트 클린턴 스토퍼의 편집을 거쳐 1975년 케임브리지대학출판부에서『찰스 다윈의 자연선택』이라는 제목으로 출간되었다.

3 찰스 다윈,『자연선택에 의한 종의 기원, 또는 생명을 향한 투쟁에서 유리한 종의 보존에 대하여』, London, John Murray, 1859.

4 찰스 다윈,『사육 재배되는 동식물의 변이』, London, John Murray, 1868, 2 vol. 여기서는 우리의 번역본(Genève, Slatkine, 2008)을 참조했다.

5 찰스 다윈,『인간과 동물의 감정 표현』, London, John Murray, 1872.

총량이 워낙 방대했던 탓에 독자 대부분은 주요 사상의 '요약본'을 펼쳐 들었으며, 애초에 『종의 기원』이라는 작품 자체가 그 요약본인 것처럼 소개되기도 했다. 그렇기 때문에 자연신학에서 아직도 상당히 지배적이었던 생물 불변론적 창조론 및 목적론과 대립을 겪었던 상황에서, 뜨거운 논쟁이 일었던 이 『종의 기원』만이 연구·논평·논의되었고 인용·재인용·보급되었던 것이다. 다윈의 이론은 그렇게 단순화된 채 전파되고 말았다.

그러므로 '대중'은 주해본이든 요약본이든 무의식적으로 『종의 기원』을 택하게 된다. 또한 1860년 이후 공공연해진 대립이 빚어낸 특수한 상황과 단순화가 불가피하게 연결되면서 이 요약본의 요약본이 아주 일찍부터 주해본을 압도해왔다는 점을 분명히 해두어야 한다.

이러한 대립 구도는 또 다른 결과를 가져오기도 했다. 다윈은 규칙적으로 작업을 진행했으나 그 속도는 느렸다. 좋지 않은 건강 상태도 그 이유 중 하나였다. 다윈을 옹호하고 그 당시 지배적인 신념에 반대하면서 이 싸움을 제도권으로 끌고 간 반反불변론자들은 인간을 동물로 보는 생물변이론을 서둘러 발표하도록 다윈에게 압력을 가했다. 그러나 다윈은 자신의 이론을 '고정시킬' 생각도, 필연적이며 예정된 마지막 장을 서둘러 마무리할 마음도 없었다. 『종의 기원』을 출간하기 한참 전부터 다윈은 이미 자신의 생각이 격렬한 반론을 이끌어내리라고 짐작했다. 심지어는 『인간의 유래』 출간 직전에조차 그의 친구들, 특히 찰스 라이엘처럼 생물변이론을 공개적으로 거리낌 없이 두둔했던 이마저도 다윈의 이론을 인간에게 적용하는 데는 주저하는 반응을 보였다.[6] 다윈은 과학적 이론이 유효성을 얻기 위해서는 과학계에서 인정받는 것이 가장 중요하다는 사실을 잘 알았다. 그래서 그는 누구보다도 자신의 동료를 설득하고자 노력했다. (1831년 12월 27일부터 1836년 10월 2일까지 비글호를 타고) 전 세계를 여행하며 얻은 박물학·지질학 연구 결과 일체를 손수 편집까지 도맡아 펴내고, 1851년부터 1854년까지 만각류에 관한 훌륭한 논문[7]을 발표해 과학계에서 더 큰 신임을 얻고자 애썼던 것이다. 으뜸가는 지질학자이자 박물학자로 인정받고, 월리스와의 경쟁

---

6 사실 앨프리드 러셀 윌리스(1823~1913, 다윈의 경쟁자이자 자연선택 이론의 공동 발견자)와 찰스 라이엘(1797~1875, 최신 지질학 이론인 동일과정설, 즉 지질학적 변화가 아주 오랜 기간을 요하며 이에 따라 성서의『창세기』및 격변설에 반대되는 이론을 영국에 도입한 지질학자)의 지지는 다윈이 바랐던 것처럼 완전하고 구준하지 않았다. 다윈은 이 두 사람 모두 인간에 관해서는 섭리주의로 후퇴하는 모습을 보고 충격을 받았다. 그가 1869년 4월 14일 월리스에게 보낸 서신과 5월 4일 라이엘에게 보낸 서신을 참조하길 바란다.(다윈의 아들 프랜시스 다윈이 출간한『자전적 내용을 담은 찰스 다윈의 생애와 서신』, 과학 박사학위 소지자 앙리 C. 드 바리니가 영어에서 프랑스어로 번역, Paris, C. Reinwald, 1888, 2 vol., pp. 433~434, 435~436) 이 결정적이고 민감한 문제에서 다윈은 섣부른 경솔함을 경계하는 신중한 교장선생님처럼 전술상으로 어색한 태도를 취했고, 이에 몇몇 혈기왕성한 지지자가 '다윈이 자신의 의견을 감춘다'며 비난했다.(다윈이 프리츠 뮐러에게 (1869년?) 2월 22일에 보낸 서신 참조, 위의 책, p. 429)

7 만각류를 연체류에서 갑각류로 완전히 이동시킨 이 중대한 동물학 총론은 네 권으로 나뉘어 있다.(그중 두 권은 유병Pedunculata 만각류, 나머지 두 권은 무병Sessilia 만각류를 다룬다.)
  ―「만각아강 연구서, 모든 종의 형태 수록」,『조개삿갓과: 혹은 대영제국의 유병 만각류』제1권, London, The Ray Society, 1851.
  ―『대영제국의 조개삿갓 화석 혹은 유병 만각류 연구서』, London, Palæontographical Society, 1851.
  ―「만각아강 연구서, 모든 종의 형태 수록」,『따개비(혹은 무병 만각류)』제2권; The Verrucidæ, etc., London, The Ray Society, 1854.
  ―『따개비 화석과 대영제국의 Verrucidæ 연구서』, London, Palæontographical Society, 1854.

관계를 심각하게 인식한 후에야[다윈은 당시 젊은 애송이 학자였던 월리스가 보낸 논문이 자신이 20년간 정리하여 발표를 눈앞에 둔 논문의 내용과 거의 일치한다는 것을 알고서 고민에 빠졌고, 이에 라이엘과 후커 등의 동료들은 두 논문을 런던 린네 학회에서 공동 발표하는 방안을 제안했다] 다윈은 1858년 7월 1일, 생물 종의 성질과 변화에 관한 새로운 급진적 접근법을 만천하에 공개하기로 했다.[8] 그러한 관점에서 1868년판 『사육 재배되는 동식물의 변이』는 자연주의자 집단을 설득하기 위한 저서다. 그는 이 책에서, 범생설pangenesis/汎生說[개체의 체세포에 있는 생식소에 의해 유전적 특징이 전달된다는 설로서, 검증되지는 않았다]을 정립하기 위한 '임시' 가설에 한 장을 할애하긴 했지만, 그 이론의 예비적이며 사변적인 성격을 인정했다. 선택 이론의 적용 범위를 넓히는 것이 아니라 관찰 및 기록 차원에서 결론의 개연성을 강화하기 위해서였다.

다윈은 물론 전술상 신중히 행동하라는 충고에 따랐던 사실을 때때로 부인하기도 했다. 하지만 또 한편으로는 선택 이론 관점에서 다룰 수 있는 모든 대상 중 인간의 역사가 가장 민감한 주제임이 틀림없으며, 신학이 끝없이 감시하는 이 분야에서 교리 및 인습적 사고와 너무 일찍부터 충돌해버리면 자기 학설의 가장 근본적 요소를 인정받는 일이 수포로 돌아가거나 늦어질 수 있다는 것을 잘 알

8   라이엘과 후커가 런던의 린네 학회에서 다윈의 이론을 월리스와 공동으로, 두 당사자 없이 발표한 논문을 참조하길 바란다. 「종이 변종을 형성하는 경향에 관하여, 그리고 자연선택을 통한 변종의 보존에 관하여」, Journ. Proc. Linn. Soc. Lond.(Zool.), vol. III, n° 9, 1858, pp. 45~62.

았다. 그리하여 설득의 길에 나선 다윈은 아무런 기반 없이 빠르고 수선스러운 성공을 추구하기보다는, 기반을 잘 다지고 현명하게 그 범위를 확장하면서 전진해나갔다. 하지만 안타깝게도 모두가 이러한 태도를 본받은 것은 아니었다.

지금으로서는 그저 『인간의 유래』의 출간일인 1871년 2월 24일 전까지는, 당시 62세였던 다윈이 선택 이익[9][일정한 환경에서 어떤 성질을 갖고 있는 것이 그것을 갖지 않는 것보다 생존 또는 증식에 유리한 상태]의 축적에 따른 진화 과정 속에 인간을 명백하게 포함시키는 그 어떤 이론도 인쇄된 형태로 발표하지 않았다는 점을 기억해두자. 그러니, 1860년부터 이러한 이론적 확장이 이미 확실하다고 여겼던(사실 논리상 확실하기도 했다) 이들은 다윈이 발표조차 하기 전에 이 주제를 논하고 있었던 셈이다. 정작 다윈 본인은 이 문제를 다루지 않으려 조심했다. 물론, 이들은 다윈이 1859년의 어느 저서[『종의 기원』]에서 살짝 드러낸 이론을 참고하고 있긴 했다. 다시 말하자면 자연선택에 따른 변이를 동반한 유전 이론을 문화적 진화의 대상에 적용함으로써, 신학적 제약에서 해방된 인류학이 다윈 이전에 다윈에 의하여 발전됐다고 믿는 이들이 있었다. 그들은 1871년

---

9   『종의 기원』이 인간의 문제를 다루지 않는다는 글을 흔히 접할 수 있는데, 만일 이 책의 각 장에 담긴 내용에만 치중한다면 이는 완전히 맞는 말이다. 이 책의 말미에서 다윈은 다음의 문장을 생물 및 화석 연구, 생물지리학, 분류학, 지질학, 심리학에서 계통발생학적 관점의 승리가 이끌어낸 가망성 있는 결과처럼 선언하는 데 만족한다. "인간의 기원과 그 역사에 빛이 비칠 것이다."(초판 14장, 「결론」, p. 488) 이 책의 최종판인 6판(1872년, 최종쇄는 1876년)에 이르면 이 신중한 문장이 다소간 의미심장하게 변형됐다는 데 주목할 수 있다. "인간의 기원과 그 역사에 많은 빛이 비칠 것이다."

이후, 『인간의 유래』가 『종의 기원』의 한낱 연장선상에 놓인 책이며 부적자不適者의 선택적 도태와 최적자最適者의 상관적 진보의 원칙을 인간과 문명에 단순히 적용한 것이라고 여겼다. 즉 이들은 대부분 '사회적 다윈주의자'이며 우생학자다. 나중에 살펴보겠지만 다윈 인류학의 행보와 결론에 대한 도식적이며 단순한 사전 해석은 틀린 해석이며, 끈질기게 이어진 이 같은 '오해'는 20세기에 불거진 가장 파괴적인 이념들이 항시 기대온 방편들 중 하나였다. 너무 오래 끈 감이 있긴 하지만, 다윈은 1871년 인간의 자연사 영역에 공공연히 발을 내디딘 이후 이런 이념들의 전조를 이루었던 것에 단호히 반대했던 만큼, 이 이념들과는 거리가 멀었다.

다윈의 인류학 사상이 어떻게 왜곡되었는지를 이해하려면 먼저 그의 주된 생물학적 참고문헌을 검토하는 편이 바람직하다. 그 참고문헌의 요소가 잘 정리되어 있으며, 그에 관해 가장 손쉬운 설명을 제공하는 책이 바로 『종의 기원』이다. 다윈이 종의 불변성이라는 주제를 처음으로 의심한 시점은 1835년 및 1836년경 비글호 여행이 끝나갈 무렵으로 거슬러 올라가며, 1837년 봄(빅토리아 시대 초)에는 생물변이론을 학문적으로 채택했고,[10] 1838년 가을(9월 말부터 10월 초 사이에 맬서스의 저서를 읽었다)에 이르러 자기 이론의 주요소를 갖추게 되었다는 사실[11]을 얼른 떠올려보자. 결국 그가 『종의 기원』을 구상하는 데는 20년 이상이 걸린 셈이다.

또한 다윈이 자신의 이론을 공개하기 위해서는, 무엇보다도 생물변이론을 받아들이게 해야 했음을 잊지 말아야 한다. 생물변이론은 다윈의 조부 이래즈머스 다윈과 라마르크[12]를 비롯한 몇몇 선구자 덕분에 이미 유럽 자연주의자들에게 가설로서나마 도입돼 있었지만, 논의는 여전히 불충분했으며 과학 기득권층의 종교 순응적 태도로 인해 공식적으로 거부된 상태였다. 오늘날에 와서 좀더 잘 알려진 사실이 있는데, 다윈의 초반 지지자들이 다윈주의자는 아니었으나 생물변이론의 신빙성을 확립해주는 완전히 일관된 총괄론을 최초로 접한 이들이었다는 것이다.(이들이 다윈주의자였다면 지식인답게 자연선택 기제의 핵심 기능을 인정하는 데 동의했을 것이다.) 다시 말하자면, 진화 방식에 관한 완전하고 만족스러운 이론으로서 자연선택론이 존재했기 때문에, 이들은 창조론의 과학적 대체물로 생물변이론을 택할 수 있었던 것이다. 창조론은 조화롭고 초월적인 의지에 지배받으며 불변하는 종의 독립적인 창조를 기반으로 하고, 자연을 과정으로 설명하려는 시도 자체를 배제하는 교리였다. 이 같은 교리는 창조의 동기와 그 구성이라는 범접할 수 없는 비밀을

---

10 다윈이 생물변이론으로 방향을 전환한 것은 자신이 여행에서 가지고 돌아온 조류 표본을 조류학자 존 굴드(1804~1881)에게 최종적으로 감정받은 이후다. 다윈은 남아메리카 타조(다윈 레아)와 갈라파고스 핀치에 관한 자신의 메모와 주석을 발표(각각 1837년 3월 14일, 5월 10일 강독)한다.

11 1838년 다윈의 '일기'와 그의 『노트 D』에서 입증된 날짜.

12 찰스 다윈이 태어나기 7년 전에 사망한 친조부 이래즈머스 다윈(1731~1802)은 의사이자 발명가, 박물학자, 철학자, 시인이었으며 매우 독창적인 저서(1794~1796년에 발간된 그 유명한 『주노미아』)를 남겼다. 굉장히 이단적이며 엉뚱한 측면 때문에 그 중요성이 종종 축소되는 이 책에 생물변이론의 구상이 처음으로 등장했다. 이 구상은 훗날 프랑스인 장바티스트 라마르크(1744~1829)가 1800년 이후 대담하고도 분명하게 지지했지만 제도상의 성공을 거의 거두지 못했던 이론적 구상과 거의 흡사했다.

창조주의 지혜에만 한정시킴으로써, 자연주의적 관점을 그림 혹은 '자연의 풍경'[13]을 관조하는 것으로 제한했다.

내가 다른 저서에서 전개했던 주장을 여기서 되짚어보자면, 요컨대 1860년 이후 "생물진화에 관한 설명적이고 일관된 이론으로서 다윈 이론은 생물변이론의 개연성을 확립하고 강화하는 데 있어 버팀목이 되었던 것이지, 다윈주의적 진화 방식의 필연성을 확립하기 위해 존재한 게 아니었다. 과거의 가설적 결함을 대체할 수 있는 강력한 이론적 구조가 나타나자, 진보적인 과학 의식은 진화 현상의 신빙성이 점차 증대되어감을 공식 인정했던 반면, 이처럼 신빙성을 인정받게 해준 내용에는 동조하지 않았던 것이다."[14] 그러니 이 새로운 개종자들이 반드시 '다윈주의자'는 아니었다. 하지만 영국이든 다른 어느 나라에서든 이들은 생물변이론의 견진성사를 받았고, 이제는 방향을 선택함에 있어 스스로 자유롭다고 느끼게 되었다.

이에 생물변이론을 확립하고자 골몰했던 다윈은 매우 논리적이게도, 생물 내 변화의 핵심적 형태를 나타내는 것, 즉 변이를 분석하는 데서부터 시작했다. 다윈은 생물변이를 생물체에 관한 근본적이고도 보편적인 기지既知의 사실로 보았다. 생물변이는 자연에서, 더 쉽게는 집 안에서 기르는 동식물에서 관찰된다. 둘 중 어느 경우든 자연 생물체에게 변이는 근본적·영구적 능력의 형태로 존재함

---

13 프랑스 자연신학을 대표하는 인물인 앙투안 플뤼슈 신부(1688~1761)가 집필한 방대한 계몽 총서의 제목이다.

14 파트리크 토르, 『20세기 프랑스의 생물변이론 및 다윈주의의 역사』, 출간 준비 중.

이 명백한 현실로 입증된다. 내가 자주 설명했던 이 문장이 전혀 불필요하다거나 경솔하지 않다는 사실을 곧 알게 될 텐데, 실현된 변이는 생물의 자연적 가변성을 일관적으로 입증한다는 것이다. 이는 모든 생물에 해당된다. 사육 생물 역시 여전히 자연 생물이기 때문이다. (그러므로 이 생물은 자신이 사육 가능함을 보여주는 사육 가능성까지 입증한다.)

그러므로 변이에서 가변성을 이끌어낼 수 있으며, 이러한 귀납은 필연적이다.

마찬가지로 원하는 형질을 갖추지 않은 생식자의 제거를 통한 유리한 변이의 유지 및 특정 경향의 번식, 즉 '종'의 형성 절차를 실행하는 동식물의 사육과 재배는 흔히 선택이라 부르는 것의 효력을 입증한다. 그렇다면 이처럼 인위선택을 시행하여 만들어진 (자연적 생물체로서) 사육/재배 생물은 생물체의 자연적 선택 가능성을 입증하는 셈이다. 특히 자연 상태에서 사육/재배 상태로 이행하는 조건상의 변화에 처한 생물들은 변화하는데, 이는 자연 상태에서도 일어나는 일이며 육종사가 시행하는 선택에 일련의 특성을 제공한다. 일부 특성은 유전적인 선별 및 강화를 통해, 이로운 특성을 갖추지 않은 개체의 번식 배제를 통해 '고정된다'. 관찰된 변이가 생물의 핵심 능력으로서의 가변성을 입증했던 것처럼, 시행된 선택은 생물의 자연적인 선택 가능성을 같은 방식으로 입증한다. 번식이 계획에 따라 구체적인 목표를 가지고 진행된다면 인위적 혹은 이성적·체계적 선택이라고 부를 것이며, 번식의 방향이 아무런 체계 없이 가장 아름다운 개체의 자연발생적인 선택 혹은 일시적인 주조主潮의 취향 (일종의 '유행')을 따르는 것뿐이라면 무의식적 선택이라고 부를 것이다.

따라서 선택으로부터 선택 가능성을 이끌어낼 수 있으며, 이러한 귀납은 필연적이다.

결국 각기 관찰과 실제 경험(변이, 선택)에서 생겨난 이 두 가지 현상에서는 하나의 가설이 도출된다. 생물의 자연적 능력으로서의 선택 가능성, 즉 육종사가 시행하는 것과 동일한 변이의 선택이 자연에서도 정말로 일어나는가? 그리고 만일 그렇다면 생물변이가 사육 생물에서 현실화됨으로써 입증된 이 선택 가능성에서 추론할 수 있는, 육종사 없이 이루어지는 '자연선택'의 동인動因은 무엇인가?

논리적으로 필연적인 이러한 가설은, 맬서스로부터 전개되는 또 다른 일련의 논리와 대조해야만 입증하거나 무효화할 수 있다.

1838년 『인구론』(1789)의 1826년 6판을 읽은 덕분에 든 생각이라고 다윈 자신이 밝힌 '맬서스적' 견해는 생물 자원의 그저 산술급수적인 성장과 마주한 개체들의 기하급수적인 성장으로 인한, 급속한 인구과잉을 유발하는 자연적 경향 및 생물의 높은 번식률에 관한 견해에 불과하다. 맬서스에 따르면, 인구과잉은 필연적으로 온갖 종류의 투쟁과 싸움, 전쟁, 전염병, 고통을 야기하며 이를 통해 신은 본래의 목적을 이루고 인간 활동을 유지시킨다. 그리고 이런 상황은 아마도 익덕과 재난의 파괴적인 효과나, 구성원의 수적 균형을 적당한 선으로 유지시키는 데에 골몰하는 도덕적 구속 혹은 정치적 개입을 통해 조정될지도 모른다. 그렇지만 맬서스의 원칙은 인간에게 적용된다고 간주되는 반면, 다윈은 이를 오로지 동식물에만 적용했다는 사실에 주목해야 한다. 게다가 박물학자로서 본인의 경험이나 최근의 독서를 통해, 오귀스탱 피람 드캉돌[15]이나 샤를 보네[16] 같은 인물이 이미 조금씩 도입했던 '자연 투쟁'이라는 주제에 익숙했던 다윈은 전파된 모형의 타당성을 자신의 영역에서 서슴없이 인정했다. 사실상, 임신 기간이 특히 긴 코끼리 단 한 쌍이 광대한 영토에서 아무런 장애 없이 번식하는 데만 신경 쓴다고 가정해보면, 이 한 쌍으로부터 태어난 후손이 사용 가능한 전 면적을 금세 뒤덮고 모든 자원을 고갈시켜 공간의 전체 용적을 초과할 수 있다는 사실을 인정할 수밖에 없다.

그렇지만 이처럼 단일종의 표본으로만 가득한 일정 면적의 영토를 자연 어디에서 찾아볼 수 있단 말인가? 그 반대로 여러 동식물

---

15 토머스 로버트 맬서스(1766~1834)와 오귀스탱 피람 드캉돌(1778~1841)은 1838년 말경에 『노트 D』, 134e, 그리고 『존 매컬로 초록』, 57v에서 동시에 언급되었다. 이러한 때 이른 조합은 카미유 리모주가 다윈의 이 두 일관된 레퍼런스 간의 차이를 오로지 드캉돌만을 우선시하여 비교해놓은 저서(『자연선택』, Paris, PUF, 1970) 때문에 확실히 관심을 잃게 된 것 같다. 만일 다윈이 맬서스의 『인구론』보다 드캉돌의 논문 「식물 지리학」을 먼저 읽은 것이 분명하다 하더라도, 모형을 구축하는 데 더 명백하고 강력한 영향을 준 것은 『인구론』 쪽이다. 그뿐만 아니라 다윈의 흠잡을 데 없는 진정성을 제외하고는, 무엇 때문에 다윈이 일개 경제학자에게서 차용해온 모형을 이론적 촉매제처럼 제시하게 되었는지는 알 수 없다. 앞으로 살펴볼 터이지만, 다윈은 추후 자기 고유의 영역에서 맬서스의 권고에 맞서 싸우게 된다.

16 샤를 보네(1720~1793), 『자연에 관한 고찰』(1764), 'OEuvres' 중 Neuchâtel, 1781, 4권, 16장, p. 188. "동물은 영원한 전쟁 중에 있다. 그러나 만사는 너무나 현명하게 계획되어 있기에, 어느 하나의 파괴는 다른 것을 보존시키고 종의 번식 능력은 개체를 위협하는 위험에 항상 비례한다."

종이 공존하는 평형 상태는 도처에서 찾아볼 수 있으며, 아무런 장애가 없다면 이 동식물 종 모두 개체 수를 기하급수적으로 늘려나갈 수 있다.

따라서 공간과 자원을 공유하는 생물 종의 수적 성장을 제한하는 요소가 각 환경에 존재해야 하며, 이는 필연적인 연역이다. 무한 가속화된 증식 경향과 여러 종 사이의 상대적으로 안정적인 균형 간의 대립 관계에서 외재적 조절 기제, 즉 각 종의 번식 충동과 무관하며 각 개체군의 정원을 줄이는 기제의 존재가 필연적으로 초래된다. 이러한 기제는 부득이하게 도태적이며, 무한 증식하려는 각 생물 집단의 자연적 경향에 파괴로 맞선다. 이미 맬서스가 암시했던 이 기제가 바로 자연선택을 시행하는 생존투쟁이며, 투쟁 조건에 최적화된 개체의 생존, 바꿔 말해 투쟁에 맞서는 데 가장 덜 무장된 개체가 도태됨으로써 시행되는 생존이야말로 이 자연선택의 주된 결과다.

바로 여기서, 무엇이 최적最適을 결정하는가 하는 질문이 제기된다.

이 질문에 답하려면 가변성으로 되돌아가 인위선택 모형과 흡사한 조건하에 자연선택의 가설을 만들어야 한다. 이는 주어진 상황에서 (개체별, 종별, 환경 내) 투쟁을 통해 유리한 변이의 선별을 시행하고 동일한 환경조건에서 이러한 변이를 지닌 개체들이 유전적으로 전달 가능한 생존 승리를 보장하는 것을 의미한다. 그렇기 때문에 환경의 주요소가 변하지 않은 채 그대로라면, 이 유리한 변이

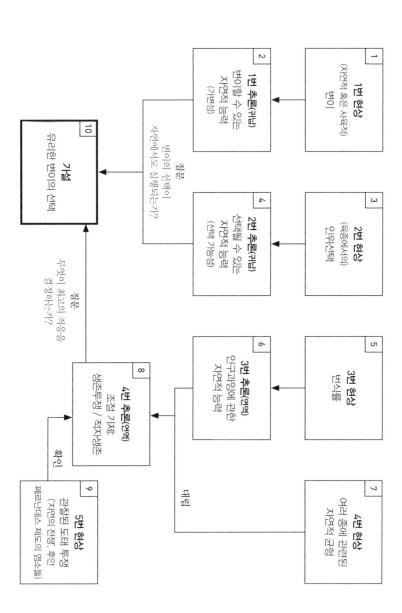

를 지닌 개체들은 자손 수가 정기적으로 증가하고, 그 자손은 생활 환경 및 생존투쟁에 대한 적응력이 꾸준히 증가하는 주요 원인이 된다. 다윈은 『종의 기원』 4장에서 "나는 이렇게 유리한 변이를 보존하고 불리한 변이를 파괴하는 것을 가리켜 '자연선택' 혹은 '적자생존'이라는 단어를 적용했다"라고 적었다.

맬서스가 인용한 저자인 조지프 타운센드(1739~1816)는 1786년 『빈민 구제법에 관한 논고』라는 제목의 소책자를 발간했다. 그는 의학자이자 지질학자, 경제학자이며 맬서스와 마찬가지로 빈민 구제책에 반대한 감리교 목사다. 이 소책자는 다윈 역시 저서에서 자주 인용했던 영국의 항해가이자 탐험가인 윌리엄 댐피어(1652~1715)의 일화를 다루고 있다. 나는 여기에 타운센드의 『빈민 구제법에 관한 논고』 중 댐피어의 일화가 포함된 8장을, 당연하지만 서론부터 결론까지 빠짐없이 덧붙인다.

우리의 빈민 구제법은 불공정하며 압제적이고, 정교하지 않을 뿐 아니라 법을 구상할 때의 본래 목표에도 부합하지 않는다. 그렇기 때문에 이는 그냥 넘어갈 수 있는 사안이 아니다. 그뿐 아니라 빈민 구제법이 세상의 진정한 이치와 구조 속에서 실행 불가능한 일을 실현하겠다고 공언하는 한, 이는 비상식적인 원칙에서 유래한 셈이다. 이 법은 영국의 그 누구도, 심지어 그가 자신의 태만함과 부주의, 낭비벽, 악덕 따위로 재산을 탕진했다 하더라도, 곤궁으로 고통받아서는 안 된다고 주장한다. 우리는 사회가 진보해나가는 가운데 누군가는 반드시 이러한 곤궁에 처하게 된다는 사실을 발견하는데, 바로 여기서 하나의 문제가 제기된다. 낭비하는 이와 저축하는 이 중, 게으른 이와 근면한 이 중, 도덕적인 이와 타락한 이 중 누가 추위와 배고픔에 더 시달릴 만한가? 남해에는 최초의 발견자인 후안 페르난데스의 이름을 붙인 무인도가 하나 있다. 후안 페르난데스는 이 외딴섬에 암수 한 쌍의 염소 집단을 정착시켰다. 풍부한 목초지와 마주한 이 운 좋은 한 쌍은 번성하여 수를 불려나가라는 첫 번째 계율을 별다른 어려움 없이 따를 수 있었다. 그리고 시간이 흐름에 따라 이 작은 섬은 염소로 가득 차기에 이르렀다. 그 전까지만 해도 염소들은 빈궁과 배고픔이라고는 몰랐으며 자신들의 개체 수에 만족한 듯 보였다. 그러나 이 슬픈 순간 이후, 그들은 배고픔에 시달리기 시작했다. 그럼에도 한동안은 개체 수를 계속 늘려나갔다. 이들에게 이성이 있었더라면 최악의 기근을 염려했어야 마땅했다. 이러한 상황에서 가장 약한 염소들이 제일 먼저 죽어나가자 다시금 번영이 찾아왔다. 이런 식으로 염소들은 행복과 불행 사이를 오갔으며, 식량은 그대로인 채 수가 쉼 없이 줄거나 늘어남에 따라, 때로는 곤궁함을 겪고, 때로는 다시금 풍요로움을 즐겼다. 이러한 상대적인 균형은 전염병이 돌거나 조난선이 찾아오며 종종 무너졌다. 염소들은 그 수가 상당히 줄어들었지만 이 같은 근심에 대한 보상이자 동족을 잃은 데 대한 위안으로, 생존 개체들은 그 즉시 풍요로움을 되찾을 수 있었다. 염소들은 더는 불안해하거나 기근에 시달리지 않았다. 서로 악의에 찬 눈으로 바라보는 일을 그만 두었고, 모두가 풍요로웠고 만족했으며 행복했다. 따라서 심각한 불행이라고 여겼던 것이 실은 위안거리임이 드러났으며, 결국 일부의 불행은 모두의 행복인 셈이었다.

영국 해적이 이 섬을 이용해 식량을 구한다는 사실을 알게 되었을 때, 스페인인들은 염소 떼의 씨를 말리기로 결심했고 사냥개 한 쌍을 해안에 풀어놓았다. 사냥개들은 마주치는 먹잇감의 양에 따라 성장하며 수를 불려나갔다. 스페인인들이 예상했던 대로 그 결과 염소는 수가 줄어들었다. 그렇게 염소가 전부 죽었더라면 사냥개들도 마찬가지로 굶어죽었을 터였다. 그러나 대부분의 염소는 사냥개들이 절대 쫓아올 수 없는 가파른 암벽으로 피신했다가 배를 채울 때만 이따금 신중하고 조심스럽게 재빨리 내려왔다. 사냥개의 먹이가 되는 염소는 태만하고 조심성 없는 소수 개체에 불과했다. 한편 사냥개 중에서도 가장 경계심 높고 강인하며 활동적인 개들만이 먹이를 충분히 얻었다. 이리하여 새로운 균형이 자리 잡았다. 두 생물 종 중 가장 약한 개체는 제일 먼저 자연의 제물로 바쳐졌고, 가장 활동적이고 가장 원기 왕성한 개체가 목숨을 보존했다. 이처럼 인류의 정원을 조절하는 것 역시 식량의 양이다. 원시 상태의 인간은 숲에서 소수밖에 살아남지 못하지만, 그렇게 때문에 식량 부족에 시달리는 이도 극소수에 불과할 것이다. 식량이 풍부한 시기가 오래 지속될수록 인간은 계속 성장하여 수를 불려갈 것이다. 그리고 모든 인간은 자신의 활동과 힘에 비례하여 자기 가족을 유지하고 친구를 도울 능력을 갖게 될 것이다. 약자는 강자의 일시적인 관대함에 의지해야만 하며, 게으른 이는 언젠가 자신의 나태함에 자연적인 대가를 치를 것이다. 재산 개념이 공동체에 도입되고 모두가 자유로이 결혼할 수 있게 되면서, 인간은 우선 개체 수를 늘려나가겠지만 행복의 총합은 증대시키지 못할 것이다. 그리고 결국에는 점차 곤궁과 비참한 순간에 임박하여 그중 제일 약한 이들이 가장 먼저 목숨을 잃을 것이다. 식량을 더 많이, 안정적이고 정기적으로 공급하기 위해서는 나무를 베고 가축을 번식시켜야만 한다. 그리고 이러한 풍요로움은 오래도록 이어질 것이나 시간이 지남에 따라 한계에 도달할 것이다. 그러면 가장 활동적인 이들이 재산을 축적하고 많은 가축을 얻어 대가족을 이룰 것이다. 반면 게으른 이들은 굶어죽거나 부자들의 하인이 될 것이며, 공동체는 자연적인 한계에 이르러 식량의 양이 균형 상태에 이를 때까지 계속해서 덩치를 불려갈 것이다.

다윈의 손녀이자 다윈의 『자서전』 무삭제판 편집인인 노라 발로는 이 텍스트의 내용을 잊지 않고 요약해놓았다. 여기서 발로는 생존투쟁이라는 주제의 전조가 훌륭하게 드러났음을 인정했다.

맬서스가 자신의 견해로 명성을 얻기 이전에도, 사회사 분야에서는 이미 다른 학자들이 생존투쟁이 개체군에 실질적인 영향을 미친다는 사실을 발견한 터였다. 알레비는 『영국인의 역사』에서 1876년 어느 '인간 종의 친구'에 의해 쓰인, 빈민 구제법에 관한 난해한 소책자를 인용했다. 저자 타운센드는 빈민 구제법이 강자에게 피해를 주면서까지 약자를 보호한다고 비난하며 자연선택의 작용을 제대로 암시했다.[17]

만일 노라 발로가 타운센드의 텍스트를 직접 접했고 그 텍스트를 이 책에서처럼 좀더 많이 인용했더라면, 타운센드는 맬서스가 발표한 내용의 대전제뿐 아니라 다윈의 전체 직관 중 상당 부분에서 이미 한발 앞서 나갔음을 더 분명히 털어놓지 못했을 수도 있다. 왜냐하면 우리가 방금 읽은 내용은 환경상의 우연한 위기에 성공적으로 적응하는 데 가장 덜 적합한 일부의 도태를 통한 생존 개체군의 개선(가장 원기 왕성하고 활동적이며 경계심 강한 개체의 선택)을 분명히 함축했기 때문이다. 윌리엄 댐피어와 안토니오 데울로아가 이야기한 내용을 타운센드가 재구성한 후안 페르난데스의 계획은 실험실의 '집단 사육장'이 생겨나기 한참 전에 시행된, 완전한 '자연선택 실험'이다.[18] 한편 다윈은 이 실험을 어디까지나 동식물 분야에만 국

---

17 『찰스 다윈의 자서전: 1809~1882』 다윈의 손녀 노라 발로가 원본의 삭제된 부분을 되살리고 편집하여 부록과 주석을 첨가한 완전판. London, Collins, 1958, 부록, p. 161.

18 여기서 우리는 필리프 레리티에(1906~1990)와 조르주 테시에(1900~1972)가 『생물학회 회기 보고서』(117, 1934, pp. 1049~1051)에 발표하고 「자연선택에 관한 한 기지 실험. 노랑초파리 개체군에서 바Bar 유전자를 제거한 후의 진행 과정」이라고 제목 붙인 연구를 암시했다. 말하자면 이 연구는 진화유전학 혹은 개체군 유전학의 출생증명서라고 할 수 있다. 이처럼 선택 현상의 유효성을 중심으로 강화된 다윈주의는 '노랑초파리장' 혹은 '집단 사

한시켰다.

여기서 곧바로 이해할 수 있는 사실은, 맬서스가 『인구론』을 발표하기 한참 전에 '맬서스주의'의 경제적·사회학적·정치적 선별 수단이 이미 산업혁명 시대 영국에 자리 잡았다는 것이다. 그리고 맬서스에게 영감을 준 여러 인물 중 한 사람으로 빈자 구제를 집요하게 반대했던 바로 이 조지프 타운센드는 사회에 가장 덜 적응한 이들의 도태의 정당성을 확립해줄 유추類推를 이미 자연 속에서, 야생 상태로 되돌아간 사육동물에게서 찾았고 이로써 사회 부적자의 도태는 자연화된 것이었다. '자연'에서 끌어낸 유추적 논증을 통해 인간 사회에 적용된 필연적 도태라는 주제는 공격적 자유주의 최초의 논증적 정당화와 떼어놓을 수 없는 존재였다. 그리고 이는 그에 반대되는 선택을 하는 다윈이나, 다윈이 역학 모형만을 차용하고 그 이론적인 부분은 자신의 영역에서 제거한 맬서스, 그 후계자인 허버트 스펜서[19]를 비롯한 '사회적 다윈주의자' 모두를 앞서나간 것이다.

육장' 내부에서 실험실의 현실, 즉 실험 가능하고 실험된 현실이 되었다.

19 빅토리아 시대의 개인적·경쟁적 자유주의의 가장 급진적인 옹호자 중 한 사람으로 영국의 철학자이자 기술자였던 허버트 스펜서(1820~1903)는 본인이 모든 종류의 현상에 적용 가능한 것처럼 소개했던 '진화 법칙'을 중심으로 '종합 철학 체계'를 정리했다. 바로 이 체계야말로 '진화주의'라는 명칭에 온전히 들어맞는 것이며, 영미권의 영향을 받아 이 진화주의가 공교롭게도 다윈의 이론까지 지칭하게 되어버렸다. 그리고 바로 이것이야말로 종종 처참한 결과로까지 이어졌던 끝없는 혼란의 시작이었다. 다윈 이론을 접했던 스펜서는 라마르크 이론에 대한 충성심을 잃지 않았지만, 다윈에게서 자연선택 이론을 일부 차용하여 그 즉시 사회학 분야로 가져와 1870년대에 자신의 이론을 창설했다. 그리고 자신의 이론이 이런 식으로 해석되는 것에 다윈 스스로 인류학적 저항을 펼쳤음에도, 1880년대 들어 이 이론은 '사회적 다윈주의'라고 불리기에 이르렀다. 이 주제에 관해서는 파트리크 토르의 『스펜서와 철학적 진화주의』, Paris, PUF, coll. 'Que sais-je?' n° 3214, 1996 참조.

다윈이 맬서스에게서 이 모형 요소를 차용하고 도태 개념을 핵심 요소로 사용하여 『종의 기원』을 발표했을 때, 스펜서는 '진화 법칙'을 중심으로 정리되었으며 근본적으로 불평등한 사회학을 포함한 종합 철학 체계의 거대한 초안을 준비하고 발표했다. 그리고 이때 다윈의 담론은 정치경제학과 보수자유주의적 사회철학이 격한 열정을 쏟아낸 용어들로 사전에 해석되어 있었다. 자연적 질서와 상동하고자 했던 이 보수자유주의로 말하자면, 다윈은 그 완고한 반개입주의적 학설에도, 그에 내재된 계급 이기주의에도 절대 동의하지 않았다. 나는 단순화된 만큼 지금도 여전히 강력하게 작용 중인 다윈주의의 대대적인 오용을, 오랫동안 철저하게 악용된 특정한 이미지를 분쇄하고 본래의 논리와 텍스트를 재현해냄으로써 이러한 주요 담론을 제거하고자 한다. 다윈은 일생 동안 약자를 향한 도움의 손길을 비호하고 실천했으며, 이를 자신의 이론과 일치시켰다.

제 1 장

동물/인간
: 공통 조상

　　　　　　　　　　　여기서는 다윈의 일차적 관심사를 비롯
하여 가장 실증적인 임무가 생물변이론을 자연주의적 영역 전체에
서 구현하고 논증하는 것이었다는 점을 되새기면 좋을 것이다. 인
류학 문제의 민감한 성격을 예리하게 인식하고 있었음에도, 다윈
은『종의 기원』과『사육 재배되는 동식물의 변이』를 출간한 이후 공
식 입장 표명을 더 이상 미룰 수 없었다. 그리고 그의 입장 표명은
다윈 자신의 논리가 요한 바에 따라 인간과 동물의 유연관계類緣關係
[생물의 분류에서, 발생 계통 가운데 어느 정도 가까운가를 나타내는 관
계]를 확립하기에 이르렀으며, 이는 1871년 2월 출간된『인간의 유
래』에서 확실히 주요 쟁점으로 다루어졌다. 이 책은『종의 기원』이
출간된 지 11년 3개월 후에 출간되었는데, 바로 이 기간을 나는 '다

원의 인류학적 침묵' 기간이라고 지칭했다. 그리고 그 기간 동안 여타 사상가들(특히 스펜서와 골턴[1822~1911])은 생물학적·사회적 인간의 문제에 관해 '다윈에 따르면'이라는 꼬리표를 붙였는데, 물론 이것이 그 어떤 경우든 그들에게 다윈의 이름으로 말한다고 주장할 권리를 부여해주지는 않는다. 그렇지만 이 시기를 통해 명확하게 알 수 있는 사실은, 아류 연구들에 의해 다윈주의 인류학의 탈선과 은폐라는 중대한 현상이 발생했다는 것이다. 마침내 인간의 문제를 다루기로 마음먹은 다윈이 『인간의 유래』를 출간했을 때, 이 인상적인 마지막 작품과 마주한 그의 '옹호자' 몇몇은 생물변이론의 완성을 환영했다. 그리고 바로 이 완성된 생물변이론에서, 자신들이 전작 『종의 기원』에서 반드시 끌어내고자 했던 결론만을 보았다. 즉 생물변이론을 인간에게 적용했을 뿐 아니라 부적자의 도태를 주된 주제로 하여 선택 이론을 문명에 적용했다는 점에만 주목했던 것이다. 그런 곡절로, 생물학에서는 여전히 라마르크주의자였던 스펜서는 철학적 진화론을 만들어냈으며 이 진화론의 사회학적 귀결은 자연선택의 원칙을 '사회유기체'의 수명과 변화에까지 넓힌 사회적 다윈주의였다. 또 한편으로 골턴은 우생학을 창시했는데, 우생학이란 문명화된 인류에게 인위선택을 적용함으로써, 문명을 전제로 하는 퇴행적 결과, 즉 약자의 보호 및 자손 번식이 자연선택의 생물학적·지적 효용을 무효화하는 결과를 바로잡고자 하는 학문을 말한다. 1871년에 다윈은 사회적 다윈주의와 우생학 모두를 단호하게 거부했다.

내가 수년 전부터 강조했던 바처럼, 『인간의 유래』가 단 한 번도 제대로 읽힌 적이 없다고 주장하는 것은 문체상의 효과와는 전혀 상관없는 문제다. 당시 『종의 기원』은 생물변이론의 옹호자, 더 넓게는 교리를 무조건적으로 신봉하는 수준에서 벗어난 과학 옹호자에게서 한층 더 깊은 '철학적' 기대감을 불러일으켰다. 당시 내부적으로 진통을 겪고 있던 영국은 전 세계로 그 패권적 영향력을 확장하는 데 있어 무력한 보수주의와 관계를 끊어내고 동시에 영토 확장의 불가피함을 자연신학적 사고로 정당화하길 요했다. 생존경쟁 및 투쟁을 기반으로 한 생물체의 무한히 개량적인 진화라는 이론은 척 보기에도 경제자유주의의 가장 대담한 버전을 비롯하여 이 사상의 '공적功績' 개념 그리고 자유주의적 산업주의의 사회학적 이념 전체와 조화를 이루기에 완벽한 듯했다. 맬서스에게서 핵심 모형을 차용한 이 이론은 현재의 체제를 다시금 지지하며, 맬서스가 단지 인간만을 기준으로 설명했던 역학에 '자연의 이치'로 힘을 실어주는 듯 보였다. 사실상 (자연과 사회 간의, 자연사와 인간사 간의) 유추 관계는 (인간이 변화하는 자연의 진화적 구성 요소가 됨으로써) 상동相同 관계가 되었던 것이다. 따라서 제도권 안에서 여전히 승승장구했던 신학적 동어반복에 승리를 거두길 바랐던 진보적 자연주의자들의 초조함과, 영국 사회의 지배계층이 품었던 이념적 요구를 결합시켜 보면, 이렇게 한데 모인 조건들로 인해 『인간의 유래』가 출간 직후부터 일종의 일관된 해방적 행위처럼 해석되었다는 것을 이해하게 된다. 즉 생존투쟁과 일반화된 경쟁, 부적자의 도태를 통해 생명체

의 '진보' 혹은 '개선'의 원동력을 발견하게 해준 인물이 끝까지 밀고
나가 마침내 완수해낸 해방의 행위처럼 보였던 것이다. 그런데 아
무리 이념적인 사전 해석에 방해 및 저지를 받았다손 치더라도, 『인
간의 유래』의 독해는 그 안에서 핵심적인 이론적 표현을 식별해낼
수 있는, 그저 논리적인 연구의 대상조차 된 적이 없다. 추후 살펴
보겠지만 이 책의 핵심은 문명의 개념을, 본래 도태에 기반을 둔 선
택적 질서의 점진적인 역전으로서 확립하는 것이었다. 이러한 재검
토 작업을 통해 나는 1980년에 다윈의 학설을 구실 삼았던 세 가지
주요한 일탈, 즉 신맬서스주의, '사회적 다윈주의', 우생학에 다윈이
반대했음을 알게 되었다. 그뿐 아니라 원조 및 연대의 행위, 이타적
도덕을 비롯하여 도덕의 사회제도화 현상의 진화적인(그러므로 선택
적인) 기원을 다 함께 숙고할 수 있는 유물론적 이론의 변증법적 동
기를 밝혀냈다. 또한, 도태적 선택의 동시적 쇠퇴야말로 문명의 진
보를 지배하는 주요 동력임을 밝힐 수 있었다. 따라서 여기서는 그
러한 기제의 원리를 설명하고자 한다.

『인간의 유래』의 의도를 다윈은 다음과 같이 단호하게 표현했다.

이 책의 유일한 목표는 첫째, 인간이 다른 모든 생물 종과 마찬가
지로 기존의 어느 형태에서 유래되었는지 관찰하는 것이며, 둘
째, 인간의 발달 방식을 고찰하는 것이며, 셋째, 우리가 인종이라
칭하는 것들 간의 차이가 유효한지를 알아보는 것이다.[20]

유일하다고 했던 목표는 이처럼 세 가지 하위 목표로 나뉘며, 실질적으로는 생물 종의 하나로 간주된 인간의 진화 과정의 세 가지 '순간'인 기원과 발달 그리고 변이에 따른 분화에 해당한다. 그런데 이 글에는 무언가 흥미로운 부분이 있다. 계획을 설명해놓은 이 서문에는, 독자들이 생물변이론을 받아들이는 것을 다윈이 당연하게 여겼다고 추측하게 해주는 요소가 전혀 없다. 그래서 다윈은 인간을 논하며, 이 새로운 대상에 관해서도 점진진화漸進進化[점진적인 변화의 단계를 거쳐 한 유형에서 또 다른 유형으로 진화하는 형식]의 확신을 이끌어내기 위해 자연주의적 논증을 반복했다. 결국 무엇보다도 생물변이론을 정착시키는 데에 다시 한번 전념한 셈이다.

그렇다면 다윈은 이를 위해 어떤 방식을 취했는가? 언뜻 보기에도 『종의 기원』과 『사육 재배되는 동식물의 변이』에 이미 적용되었던 것과 크게 다르지 않은 방식을 따랐다. 무엇보다도 생리해부학적·본능적·행동적 정체성을 지닌, 그리고 이러한 정체성에 따라 여러 종 내부에서 또다시 분류되는 생물들 사이에 유사점을 부각해 그들의 친족 관계를 필연적으로 추론하는 방식이었다. 만일 여기서 모든 생물변이론적인 귀납, 즉 모든 유사점을 친족 관계의 증거처럼 해석하는 방식이 본원적 차이를 주장하는 생물 불변론적 교의론에 대항하여 작용했던 것이 아니라면, 이처럼 단순한 방식은 딱히 논의될 것도 없었을 것이다. 다른 이들과 마찬가지로, 다윈은 하나

---

20   『인간의 유래』, '서문', p. 82.

의 생물 종으로 통상 편성된 개체들이 서로 닮았으며 이들이 서로
닮았다면, 이들이 자신의 부모를 닮았으며 그 부모 역시 서로 닮았
기 때문임을 알았다. 생식生殖[생물이 자기와 닮은 개체를 만들어 종족
을 유지하는 현상]은 닮음을 야기한다. 자손은 제 부모를 닮으며 부
모를 통해 먼 조상을 닮는다. 그렇다면 다른 종과 닮은 종도 마찬가
지 아닐까? '개체의 생식'이 존재하는데 '종의 생식'이 존재하지 않
을 이유가 어디 있는가? 이러한 생각은 이미 『노트』에서도 엿보였
으며 다윈의 아들 프랜시스 다윈은 1842년판 『초안』의 서문에서 이
사실을 끈질기게 상기시켰다.[21] 그와 동시에 생식은 동종 개체 간
에 차이를 가져오는데, 이 차이는 보편적인 변이의 가장 단순한 단
계라고 할 수 있다. 그렇다면 이는 종에 대해서도 마찬가지 아닐까?
더욱 폭넓은 분류 아래, 유사한 종들 사이에는 전반적인 유사점과
개체 수준의 차이점이라는 동일 관계가 마련되어 있으니 말이다.

그리하여 다윈은 『인간의 유래』에서 종간種間 유사점을 조사하는
데 끈질기게 매달렸다. 그리고 이 종간 유사점이 자연스럽고도 필
연적으로 친족 관계, 현재에는 공통 조상이라는 용어로 해석되기에
이르기까지 이 같은 유사점을 축적해나갔다.

---

21 『노트 B』, § 14, 63, 72. 다음의 책에서 인용됨. 찰스 다윈, 『종에 관한 나의 연구 초안』
(1842년의 에세이), 장미셸 베나윤, 미셸 프림, 파트리크 토르 옮김, 파트리크 토르 서문 및
주해, 찰스다윈국제연구소 저작물, Genève, Éditions Slatkine, 2007, '(프랜시스 다윈의) 서
문', p. 27. "번식은 왜 오늘날의 동물이 오래전에 죽은 동물과 같은 종류인지 설명해주며,
이는 거의 입증된 법칙이다. / 골든레이네트[사과의 한 품종]의 예처럼, 변하지 않는다면
생물은 절멸한다. 개체의 생식과 마찬가지로 종의 생식이 존재하는 셈이다."

『인간의 유래』 1장(「인간이 하등동물에서 유래되었다는 것을 입증하는 사실」)은 계통발생학적으로 인간을 동물 종에 편입시키는 데에 특별히 할애된 장이다. 다시 말해 기존에 존재했던 '어느 열등한 형태' 가운데서 인간의 기원을 찾는 것이다. 이는 다른 동식물계를 대표하는 개체와 인간을 동일시하기 위한 두 조건인 인간의 가변성 및 변이의 유전성을 인정하는 것을 전제하는 가설이다. 더 구체적으로 살펴보자면, 척추동물을 대표하는 여타 개체와 인간 간의 잠재적인 친족 관계를 입증하는 유사점을 찾는 것은 구성과 기능(유기적 질환의 비교 연구를 포함한 형태학, 해부학, 생리학, 병리학), 발달(발생학), 흔적 기관의 분석이라는 세 주요 분야에서 이루어졌다. 2장(「인간이 하등동물에서 발달한 방식에 관하여」)은 인간이 진화하는 동안 생겨난 변화를 다룬다. 같은 제목으로 묶인 3장과 4장(「인간과 하등동물의 지적 능력 비교」)은 인간과 동물의 본능 및 능력에 관한 비교 연구 결과를 보여준다. 마지막 5장(「원시시대와 문명시대에 일어난 지적 능력 및 도덕 능력의 발달에 관하여」)은 문명의 심리학과 사회학 차원에서 다윈 인류학의 핵심 요소 구성을 마무리 짓는다.

형태학적 · 해부학적 · 생리학적 비교

/

다윈은 인간과 여타 포유류 간의 '표본' 혹은 '일반 모형'(즉 에티엔 조프루아 생틸레르가 '생물 구성 설계 단위'라고 명명한 것)이 서로 일치한다는 사실이 일종의 규칙에 따른 결과임을 재확인했다. 이러한 구조적 유사점은 골격 구조 검사를 통해 추론되는데, 이에 관해 다윈은 인간의 "모든 뼈는 원숭이나 박쥐, 바다표범에게서 그에 상응하는 뼈들과 비교해볼 수 있다"라고 적었다. 이러한 유사점은 근육, 신경, 혈관, 내장의 검사뿐 아니라 유인원과 비교하는 경우에는 뇌 검사를 통해서도 추론된다. 이 뇌 구조 검사와 관련하여, 외젠 달리[22]

---

22   프랑스 의학자이자 인류학자인 외젠 달리는 1833년 브뤼셀에서 출생하여 1887년 파리에서 사망했다. 1868년과 1869년에 헉슬리의 두 저작(『자연계에서 인간의 위치에 관한 증거』와 『기초 생리학 강의』)을 번역했으며 정형외과학, 위생학, 임상학뿐 아니라 인종학, 영장류학, 정신병리학, 범죄학에 몰두했다. 자신이 주재했던 인류학회 회원이었으며 1876년 인류학과 대학교수로 재직한 달리는 생물변이론의 옹호자이자 인종 비교 연구의 '전문가'이기도 했다. 이러한 관점에서, 그의 담화는 조제프 아르튀르 드 고비노가 『인종 불평등론』(Paris, Firmin-Didot, 1853~1855, 전4권)을 출간했던 1850년대 중반 이후에 퍼져나간 고비노적 도식, 즉 인종 간의 위계질서, 대등하지 않은 인종 간의 혼혈 교배에 대한 적대와 불신을 재생산했다. 인종 간 혼혈 교배에서 '열등' 인종이 얻는 이득은 그 어떤 경우에도 '우등' 인종이 겪는 손실을 보상해줄 수 없다고 여겼던 것이다. 달리는 혼혈 교배를 퇴화의 요인으로 해석하는 이 인종 간 불평등 이론에 최적화된 (특히 식민적) 지배를 실질적으로 권유함으로써 자기만의 독창적인 인종주의를 완성하고 우월주의적이고 인종분리주의적인 행동을 권장하기에 이르렀다. 범죄학 분야에서 그는 체사레 롬브로소[범죄인류학의 창시자, 범죄자에게는 일정한 신체적 특징이 있음을 밝혀내고, 그러한 특징을 지닌 선천적 범죄인은 그 범죄적 소질로 말미암아 필연적으로 죄를 범하게 된다고 주장함]와 그의 생래적 범죄자설을 앞서 나간 셈이었다. 롬브로소는 이 선천적인 범죄자들은 필연적으로 같은 잘못을 되풀이할 수밖에 없으며, 치료가 불가능하기 때문에 사회 전체에 항시적인 위험이 되므로 처벌 가능하다고 주장했다. 뷜피앙의 어느 발췌문(달리가 『영장류의 종류와 생물변이론』, 1868,

에 따르면, 다윈은 빌피앙의 『생리학 강의』 일부를 프랑스어로 인용해놓았다. 빌피앙은 1863년 『자연계에서 인간의 위치에 관한 증거』를 발표한 헉슬리를 비롯하여 모든 생물변이론자에게 공통되는 논거를 내세웠는데, 해부학적 관점에서 인간의 뇌와 유인원의 뇌는, 유인원의 뇌와 여타 원숭이의 뇌보다 훨씬 더 가까운 관계에 있다는 것이다. 이러한 상응 관계는 자연스레 친족 관계의 강력한 지표처럼 해석되었다.

병리학적 · 기생충학적 비교

/

가장 최근에 발표된 역학 연구 및 수의학 연구를 기반으로 다윈은 공수병, 천연두, 탄저병, 매독, 콜레라, 포진 등 특정 질병이 사람과 동물 간에 상호 전파되는 병원체에 의해 발생될 수 있다는 사실을 강조했다. 동일한 시약에 동일한 반응을 보인다는 사실로 두 액체의 성질이 동일함을 증명할 수 있듯, 다윈에게 인수공통전염병의 존재는 '사람과 동물 간의 세포조직 및 혈액의 밀접한 유사성'의

---

p. 29에서 인용한 『발생학에 관한 강의』, 1866, p. 890)을 인용한 것을 제외하면, 자신과 서로 대립된 입장인 만큼 다윈은 이 지자를 아주 드물게, 특히 근친결혼 위험성에 관한 견해를 비난하는 어느 논문에서 부차적으로 차용했을 뿐이다.(『사육 재배되는 동식물의 변이』, 17장, 주 25)

괄목할 만한 증거였다. 카타르성 염증, 폐결핵, 뇌졸중, 내장 염증, 백내장 등 병리학적 차원에서 원숭이가 인간과 특히 가까우며 동일한 약을 처방받았을 때 동일한 반응을 보인다는 사실은 친족 관계에 유리한 증거를 뒷받침하는 하나의 보루임이 분명했다. 이 지점에서, 동물 병리학과 관련하여 다윈이 최초로 참조한 인물이 정신병 연구에 일생을 바친 태선[피부와 점막에 구진과 가려움증을 동반하는 염증성 질환] 전문 의사이자 식물학자인 윌리엄 로더 린지(1829~1880)였다는 점에 주목해보자. 린지는 특히 1871년에 하등 동물의 생리학과 정신병리학에 관해 여러 편의 논문[23]을 발표했는데, 이 중 일부를 다윈은 주의 깊게 읽고 인용하였다. 참고 자료에 대한 이 같은 주의 깊고 면밀한 태도는, 물론 서신과 개인적인 메모를 통해 입증된 사실이기도 하지만, 다윈의 시선이 이미 오래전부터 비교심리학 분야에서 계통발생학적 연구를 체계적으로 확장하는 데에 향해 있었다는 사실을 보여준다. 이는 다음 해인 1872년 『인간과 동물의 감정 표현』을 출간했다는 데서 잘 드러난다. 동일한

---

23   이는 다윈의 서신과 메모('일독을 권하는 책', 「노트 읽기」, 『서신』 중 4권. p. 437)의 편집 팀이 복원해놓은 다윈의 애독서 목록이. 린지가 추천한 저작물인 피에르캉 박사의 「동물의 정신착란 및 인간의 정신착란과의 관계에 대한 개론」으로 시작한다는 사실만큼이나 놀라운 일이다. 피에르캉(1798~1863) 박사는 학회의 검사관이었으며 역사와 고고학, 문헌학 애호가였다(피에르캉, 「동물의 정신착란 및 인간의 정신착란과의 관계에 대한 개론」, 조르주 퀴비에, 프레데리크 퀴비에, 마장디 등 개정, Paris, Béchet jeune, 1839, 2 vol.). 같은 해에 피에르캉은 「식물의 수면에 관한 고찰」(1839)이라는 제목의 11쪽짜리 소논문을 발표했으며 5년 후에는 『동물의 관용어학 또는 동물 언어에 관한 역사적 · 해부학적 · 생리학적 · 문헌학적 · 설화舌學적 연구』(Paris, Tour de Babel, 1844)를 발간한다. 이러한 주제들은 다윈의 주요 관심사와 매우 가까웠으며 저자의 아첨성 신학주의에도 불구하고 다윈은 인용된 첫 책에서 몇 가지 현상과 몇몇 고찰할 만한 문장을 끌어올 수 있었다.

논증적 사유에서, 다윈이 인간과 특정 동물의 신체에 영향을 미치는 내외부 기생충 간의 친족 관계를 강조했다는 사실 역시 명심해야 한다. 그뿐 아니라 질병이 관련되었는지 여부를 떠나 인간과 짐승 모두 월경을 한다는 점, 흉터가 아무는 일반적인 현상, 태아 발달 초기 단계의 상처 회복 과정 등의 유사점도 지적했다.

발생학적 비교

/

생물변이론을 지지하는 데 있어 발생학적 논거는 상당한 비중을 차지하며, 이를 보여주기 위해서는 그 유명한 '생물 발생 법칙'(헤켈의 표현에 따르면 Biogenetisches Grundgesetz), 혹은 '개체발생에 의해 계통발생이 되풀이되는 법칙'의 모든 역사를 떠올려보아야 한다. 이 법칙은 18세기 말부터 수많은 학자가 오랜 세월 공들여 구상한 법칙이자 수없는 논의와 논란의 대상이 된 법칙이었다.(카를 프리드리히 폰 킬마이어, 1793; 요한 프리드리히 메켈, 1811; 에티엔 세레스, 1842; 루이 아가시, 1857; 프리츠 뮐러, 1864; 에른스트 헤켈, 1866) 이 법칙의 핵심은 동물의 배아 발생 및 태아 발달의 단계(헤켈의 개체발생)와 사육되지 않은 동물의 성체 단계, 즉 생물변이적 관점에서 이 동물이 포함된 진화적 종의 특징을 나타내는 단계가 띠는 형태(헤켈의 계통발생) 사이에 명백한 대응 관계가 존재한다는 것이다. 헤켈은 이 법칙을 가장 간략한 형태로, 개체발생은 계통발생을 되풀이한다고 표현했다. 1859년에 다윈이 이 법칙에 관해 부분적으로 뭐라고 비난을 했건 간에, 그 내용 중 임성穩性[생물이 자손을 만들 수 있는 능력]의 일반성을 인정했으며 자신이 추구하는 내용을 증명하는 데에 이를 적절히 이용했다. 인간 난자의 크기와 외관은 어떻게 보더라도 여타 동물 난자와 크게 달라 보이지 않는다. 굉장히 초기 단계에서는 인간 배아와 여타 척추동물 배아 사이의 차이점을 거의 찾아볼 수 없다. 또한 아가미를 향해 나 있는 듯 보이는 활 모양의 동맥로 간에도 차이점이 없는데, 이 아가미는 고등척추동물에게는 없는 기관으로 단지 이 기간 동안 목 부근에 아가미틈을 남겨놓으며, 이 아가미틈은 과거 아가미 위치의 흔적으로 보통 해석된다. 다윈은 저명한 생물 불변론자들이 생물변이론에 기여한 점을 서슴없이 이끌어내기도 했다. 그들은, 의도치 않았으나, 어쨌든 생물변이론적 논증을 뒷받침하는 근거를 마련해주었다. 실제로 아가시는 동물의 종별 분류, 고생물학적 연속성, 여러 배아 발달 단계에서의 유사 관계가 불변함을 발견했는데, 이는 자신이 기준으로 삼은 퀴비에 창조설을 위기에 빠뜨렸으며 본인의 의도와는 달리 생물발생 법칙을 지지하는 결과로 이어졌다. 또한 대체로 생물변이론에 적대적인 근대 발생학의 창시자 카를 에른스트 폰 베어는 "도마뱀과 포유류의 발, 새의 날개와 발, 사람의 손과 발은 모두 동일한 근본적 형태에서 유래한 것"[24]이라고 강조하며 이 법칙을 널리 퍼뜨리는 데 한몫했다. 그 이후 1863년에 헉슬리가 "어린 인간이 어린 원숭이와 눈에 띄는 차이를 드러내는 것은 발육 단계의 맨 마지막"[25]임을 보여주며 순조로이 승리를 거두었다. 개의 동일한 발육 단계를 특징짓는 특성들과는 인간과 원숭이 두 경우 모두 거리가 멀며, 이는 관찰을 통해 드러나는 단순한 사실이었다. 그러므로 인간이 생물 사다리에서 점하는 남다른 위치를 감안할 때, 인간의 배아 발생 및 태아 발달은 인간보다 열등한 형태의 성체 상태를 요약해놓은 셈이다. 그리고 이는 분명 대략적이고 생략된 요약본이긴 하지만, 가장 최근에 쓰인 역사를 여실히 보여준다. 초기 단계에서 심장은 박동성 혈관에 지나지 않으며, 찌꺼기의 배출은 배설강[배설기와 생식기의 배설관이 있는, 창자의 끝 부분]을 통해 이루어지고, 꼬리뼈는 꼬리의 돌출부를 보여주는 한편, 볼프가 발견하여 '볼프의 기관'이라고도 불리는 중신[척추동물 비뇨기 계통이 개체발생할 때 출현하며 처음에는 신장으로 기능하다가 후기에는 거의 사라진다]은 '모든 공기 호흡 척추동물'에게 존재하는데 그 상대적 위치와 기능을 보면 성체 물고기의 폐와 닮아 있다. 후기 단계에 이르면 7개월 된 인간 태아의 대뇌 회전은 비비원숭이 성체의 대뇌 회전에 맞먹는다. 마찬가지로, 그 이후 인간의 엄지발가락 발달로 고유의 특징이 만들어지고 나서야 사수류四手類 가운데서 인간의 형질을 결정하는 분기가 완료된다.

24　『인간의 유래』에서 인용, 1장, p. 91.
25　『자연계에서 인간의 위치에 관한 증거』, London, Williams & Norgate, 1863, p. 67.

이미『종의 기원』에서 오랫동안 다루어진 흔적 기관 혹은 흔적 형질의 문제는 발생학과 필연적으로 연결된다. 개체발생적 발달의 산물인 이 기관 및 형질들은 현재 아무런 기능도 하지 않는다는 문제를 직접 제기하며, 이러한 면에서 예전의 잠재적 기능이 남긴 집요한 흔적처럼 해석될 수밖에 없다. 흔직 기관의 특징은 오늘날 거의 쓸모가 없거나, 아예 쓸모가 없다는 데에 있다. 그것이 바로 남성이나 포유류 수컷의 가슴팍에 달린 유두, 잇몸에 파묻힌 반추동물의 앞니, 포유류에게는 발달되어 있지만 인간에게는 없는 것이나 마찬가지일 정도로 기능이 한없이 축소된 근육의 경우다.(예컨대 말은 피하지방층을 이용해 피부를 움직이고 수축할 수 있으며 심지어는 귀를 어느 정도 자유롭게 움직일 수 있는데, 이는 인간에게는 드물며 침팬지와 오랑우탄에게는 사라지다시피 한 기능이다. 원숭이는 두피 근육이 여전히 뚜렷하게 활성화되어 있다.) 외이外耳 귓바퀴의 안쪽 주름에 위치한, 톡 튀어나온 뾰족한 부분은 주로 오랑우탄 태아에게서 눈에 띄게 나타나는데, 이는 예전에 귀가 뾰족한 형태로 위쪽에 달려 있었던 흔적인 셈이다. 인간과 영장류, 대부분의 포유류에게 있는 결막의 반달주름은 조류, 일부 포유류, 파충류, 양서류, 어류에게 있는 제3눈꺼풀 혹은 순막[고양이 등의 포유동물이나 조류, 어류, 양서류에게 있는, 각막을 덮어 보호하는 반투명의 막]의 흔적으로 보인다. 이들에게 제3눈꺼풀은 안구의 노출된 부분을 완전히 덮고 보호하는 중요한 기능을 수행한다. 한편 인간은 자연의 삶에서 멀어짐에 따라 후각 역시 퇴화했다. 개인차와 인종 차를 막론하고 인체의 체모는 그 자체가 전반적으로 흔적형질이며, 인간의 눈썹은 일부 비비원숭이의 눈두덩을 뒤덮은 삐죽하고 기다란 털을 상기시킨다. 마찬가지로, 6개월 된 인간 태아의 몸을 감싸는 솜털의 일시적인 존재는 털이 부숭부숭한 채 태어나는 포유류에게 항시 존재하는 털가죽이 퇴화한 것임을 떠올리게 한다. 뒤늦게 나며 모양도 제각각이고 충치가 될 가능성이 높은 사랑니는 문명화된 인간의 취약성을 드러내는데, 이러한 취약성은 사랑니의 퇴화 과정을 연상시킨다. 맹장의 충양돌기는 인간에게 더는 아무 쓸모도 없는 기관이며 때로는 굉장히 심각한 염증의 원인이 되기도 한다. 위팔뼈의 하부말단에 난 관절융기위구멍은 "몇몇 사수류, 여우원숭이과를 비롯해 특히 육식동물과 대다수 유대류"에서 "위팔의 대신경大神經과 주요 동맥"이 지나가는 통로인데, 이처럼 오래 지속된 자취들은 선조가 지녔던 형태의 흔적임이 분명하다. 또한 인간에게는 드문 편이나 현생인류보다는 고대인류에게 더 흔히 나타나며, 유인원 및 여타 원숭이에게도 불규칙적으로 나타나는 관절융기안구멍도 마찬가지다. 배아 발생 초기 단계에 자유롭게 돌출되는 꼬리뼈는 여타 척추동물의 꼬리가 제대로 발달되지 못한 표본이 분명하며, 심지어 척수가 지나간 외적 자취까지 지니고 있다.

『종의 기원』은 이미 자연군自然群을 통해 꼬리 기관의 진화적 설명 도식을 제시해놓았다.

다윈은 몇몇 대형 포유류에게서 꼬리의 역할이 줄어든 것은 수상

동물에게서 이 기관이 하던 주요한 역할과 반드시 연관된다고 보았다. 수상 동물에게는 운동 기관이었던 꼬리 기관이 육상동물에게는 기린의 경우처럼 단순한 파리채가 되기도 하는 등 그 용도가 점차 줄어들었던 것이다. 그렇지만 큰 동물이 곤충의 곤경으로부터 자신을 계속 지켜야 하는 지역에서는 이러힌 역할을 충족시켜주는(그리고 진화하는 동안 기관의 퇴화로 생겨난) 형질이 유리한 형질로 선별될 수 있었다. 다윈은 몇몇 원숭이의 경우처럼 꼬리로 무언가를 잡을 수 있는 형질을 운동상의 이익에 연관된 습성의 결과로 해석했다. 마지막으로, 소위 '꼬리 없는' 사육종에게 꼬리라는 기관이 발달되지 않은 일부만 남은 채 거의 다 사라진 것은 사용할 일이 없기 때문이며 그로 인한 유전적 축소 때문이라고 보았다.

발생학에 준거한 생물변이적 참고 사례를 통해 이 꼬리 기관의 중요성은 유전의 지표로서 검증되었다. 예컨대 헤켈은 인간이 자궁 안에서 첫 달을 보낼 때 꼬리가 있다는 사실을 통해 원숭이 포유류 및 일반 척추동물과 인간 사이의 친족 관계를 강조했다. 또한 성인 인간에게 관찰되는 꼬리뼈가 과거의 꼬리가 퇴화된 흔적 기관이라는 사실을 역설했다.[26]

한편 퇴화한 유방이 심하게 발육된 몇몇 경우 일시적으로 부풀어

---

26 파트리크 토르, '꼬리' 항목, 『다윈주의와 진화 사전』, Paris, PUF, 1996, 3권, p. 3594.

오르며(홍역에 걸린 경우 암컷 수컷 모두) 젖이 나오는 것 외에도, 수 컷의 생식기는 현대 비교해부학, 특히 1864년 다윈주의에 가담한 루돌프 로이카르트(1822~1898)가 암컷의 자궁이 발전되지 않은 형태와 상동하다고 인정하는 한 요소를 정낭에 지녔다.

　동물학을 다루는 『인간의 유래』 첫 장은 사실상 다윈의 또 다른 두 가지 개론서, 『종의 기원』과 『사육 재배되는 동식물의 변이』에서 이미 오래전에 예증된 바 있는 주제로 되돌아간다. 즉 생명 유지 차원에서 중요성이 매우 낮거나 아예 전무한 생물 구조가 어째서 형성되었느냐라는 주제이며 이는 유전 이론 외에는 그 어떤 이론으로도 설명 불가능하다. 당시 여전히 지배적이었던 신학적 설명은 생물체의 모든 구조가 명백히 정해진 기능에 부합하며, 초월적인 지혜를 통해 창조에 스며든 질서에 복종하는 모든 존재는 유용함으로 가득하다고 주장했다. 이에 대항하여 다윈은 동물계에서 불완전함, 무질서, 무근거, 혼란 혹은 제약을 보여주는 모든 것을 주의 깊게 조사하는 데 전념했다. 이와 함께 살펴본 자연 또한 완벽하지 않았으며, 이는 변이가 끝없이 보여주는 사실이다. 더군다나 자연의 가장 놀라운 구성 요소(자연신학 이론가에 따르면 생물체)는 가장 심각한 불안정성을 드러내는 존재였으며 그러는 동시에, 1866년 헤켈이 흔적 기관과 흔적형질에 적용했던 용어를 빌리자면, 무無목적론적인 무력증을 지닌 존재였다. 그리하여 한편으로는 완벽하고 무한한 지혜와 창조적 자유를 담은 목적론적이며 기독교적 견해와, 또 다른 한편으로는 불필요하거나 해로운 구조를 그대로 보존한 계통발생학적 무력증을 전제한 현재의 불완전성과 제약 가득한 현실 사이에 자리 잡은 모순은 이런 현상을 자연적이고 역사적으로 설명해야 하는 결과로 이어질 수밖에 없었던 것이다. 인간이나 원숭이의 손과 말의 발, 바다표범의 앞발과 박쥐의 날개가 유사한 골격 구조를 지녔다는 사실에서 유추해낸 사실, 즉 하나의 척추동물강綱을 대표하는 생물들의 모든 골격 구조가 상동하다는 사실은 초월적이며 무한한 창조주의 자유와 결부되는 경우 아무런 의미를 지니지 못한다. 바로 이 점이야말로 다윈의 반신학적 논증의 강력한 요소였다. 무한한 창조력을 지닌 영적 존재의 계획에서, 창조 영역을 제한해 자신의 자유를 한정하는 행위의 의도는 대체 무엇인가? 창조주의 영역에 속한 생물들은 적응적·기능적 완벽성이라는 암묵적 요건을 일부 충족시키지 못하는, 겉보기에만 그럴듯하며 창조 및 유사성과는 원칙상 거리가 먼 존재가 되고 말았다. 창조론적 자연신학 및 자연사학에서 무용성無用性이란 생각조차 할 수 없는 일이었기에, 이 분야를 대표하는 대표적인 이탈리아 학자 주세페 비안코니(1809~1878)는, 다윈이 지적했듯, 각 흔적 기관의 기능을 찾고자 전력을 다했고 그 무용성이 너무나 명확하고 절대적인 경우에는 단호히 침묵을 지켰다. 이 후자의 경우로는 절대 잇몸을 뚫고 나오지 않는 소의 퇴화된 이빨들, 사족류 수컷의 유방, 완전히 붙어버린 겉날개[갑충류의 키틴화된 앞날개로 초시鞘翅 또는 딱지날개라고도 한다]로 덮여 있는 일부 풍뎅이과 곤충의 날개, 혹은 다양한 꽃의 퇴화한 암술과 수술 등이 대표적이다. 그리하여 신적 존재가 그 무엇도 쓸모없이 만들었을 리 없다는 전통적인 견해는 생물의 자연사가 내놓은 부인하기 어려운 데이터를 통해 격파되었던 것이다. 더구나, 창조주가 생물 종 사이 유전적 친족 관계에 관한 거짓 지표로 자신의 창조물을 점철함으로써 이런 현상을 부추긴 이유를 알 수 없는 만큼, 계통발생학적 결론은 결함 있는 창조론을 대체할 유일한 대안으로서 더욱 굳건히 자리 잡게 되었다. 이에 관하여 다윈은 이렇게 적었다. "우리는 결국 우리 자신의 구조 그리고 주변 모든 동물의 구조가 우리의 판단을 함정에 빠뜨리기 위해 놓인 단순한 덫에 불과하다는 사실을 인정해야 한다."[27] 이처럼 다윈은 데카르트가 가설을 하나씩 제외해나갈 때 취하던 것과 비슷해 보이는 방법으로, 신학에 관련된 언어상의 제약으로부터 완전히 해방되었다. 즉 신은 완벽하지만 상대적으로 불완전한 자연의 직접적 창조주는 아니거나, 그것도 아니라면 신이 거짓말쟁이이며 모순적이게도 계통발생학적 지표로 자신의 창조물을 점철함으로써 겉모습으로 우리를 기만하는 것이다. 이 경우 신은 그 자체로 불완전하며, 우리가 보통 생각하는 무한히 선하고 무한히 지혜로운 창조자라는 이미지에는 부합하지 않는다. 그러므로 기만하는 신이라는 가설을 기각함으로써, 다윈은 생물체 간의 유사점 및 차이점의 기원을 판단하는 데 오로지 '제2원인'[28][다른 모든 운동의 궁극적인 원인, 즉 제1형상 또는 신이 되는 제1원인으로 인해 발생하는 2차적 원인]의 작용에만 호소했

---

27 『인간의 유래』, 1장, p. 107.

28 즉 윌리엄 휴얼에게서 차용한, 『종의 기원』 제사에서 내세운 '일반 법칙'을 말한다.

다. 즉 교리를 차단하고, 자연신학의 특징인 우주적 조화에 관한 원대한 견해를 몰아냄으로써, 과학 고유의 영역을 활짝 열어젖히는 일이었다.

행동적 유사점

/

포유류끼리 서로 연결시켜주며 이 포유류를 인간에 근접시키는 듯 보이는 또 다른 유사점이 있는데, 수컷의 구애 표현에서부터 새끼의 양육에 이르기까지 생식에 관련된 행동, 그리고 세대와 성별을 가르는 차이점 간에 존재하는 유사점이 바로 그것이다. 특히 원숭이와 비교해보면 이러한 유사점은 더더욱 눈에 띈다. 원숭이 새끼는 인간의 아이와 마찬가지로 선천적인 방어 수단을 지니고 있지 않아 반드시 부모의 손길이 필요하다. 또 유인원 사다리 위쪽에 위치할수록 성년에 이르는 시기가 점점 더 늦어지는 현상을 보이며(오랑우탄은 10~15세가 되어야 성년에 이른다), 이 역시 인간 고유의 특징과 유사하다. 인간의 영향 아래 원숭이가 술이나 심지어 담배에 맛을 들이고 그것을 습성으로 유지할 수 있다는 사실, 혹은 몇몇 일화에 따르면 여성에게 매력을 느끼거나 더 보편적으로는 거의 '인간'처럼 보일 정도로 모방에 굉장히 능한 것으로 드러난 사실[29]은 모두 해부학과 생리학을 기반으로 삼되, 이 두 분야를 한참 넘어서는 유사성을 증명하는 현상이다.

다윈은 본인의 여행 경험에서 정보를 얻거나 오늘날 자연인류학[인간의 기원과 진화를 다루는 인류학의 한 분야], 인체측정학[인체의 형태 및 기능을 계측하여 인체의 여러 가지 성질을 수량적으로 밝히려 하는 학문], 인간과 동물 간의 비교심리학, 인간행동학, '문명화된' 사회와 이국적 문화에 대한 민족학 따위로 지칭할 영역들에서 정보를 차용해왔다. 이러한 풍부한 정보로부터 얻은 요소를 통해 다윈은 개체적이며 가족적 형질에 관한 형태 해부학적 연구 분야에서 인간에 한해 입증된 가변성을, 새로이 생겨나고 분화되며 세력이 커지고, 서로 대립하거나 화합하고, 소멸하거나 승리를 구가하는 민족적이며 문화적인 집단에 대한 연구 차원에서도 입증해냈고, 결국 자연선택이 인류 내부에서도 속행된다는 사실을 추측하기에 이르렀다. 그러니 초반에 모든 심화 분석에 앞서, "다윈이 『인간의 유래』에서 생물 현상에서 파생된 변화라는 유일한 설명 원칙이 작용하는 가운데, 생물과학의 다양한 지표, 개체 및 집단에 관한 생리적 연구, 행동과 전통에 대한 분석을 통해 생물학적이며 인간적인 현

---

29 『인간의 유래』, 3장, p. 157. "모방 법칙은 인간에게서, 그리고 특히 나 자신이 관찰한 바와 마찬가지로, 원시인 무리에서 강하게 나타난다. (…) 한편 에두아르 데소르는 그 어떤 동물도 인간이 수행하는 행동을 자의로 모방하지는 않으며, 이는 우스꽝스럽게 따라 하는 경향이 있다는 사실이 익히 알려진 원숭이 단계까지 올라가더라도 마찬가지라는 사실을 지적했다." 그렇지만 동물 종 간에도 자의적인 모방은 존재한다. 사육된 늑대가 개를 따라 같이 짖어대거나, 다른 종류의 어른 새에 의해 길러진 새가 양부모의 울음소리를 따라 배우는 것이 바로 그 예다.

상 전체를 통합하려는(다윈 이론의 일관성과 범위를 고려할 때 불가피한) 시도에 몰두한다고 하는 것은 틀린 말이 아니다. 이는 결국 '문명' 상태 내부에서 나타나는 진화적 경향을 설명하기에 알맞은 사회·도덕 심리학적인 관찰에 이르기 위함이다."[30] 그렇지만 우리는 곧 이 통합의 방식이 생물문화적 범신데주의[특정 집단의 유전적 역학을 모두 자연선택으로 설명하려는 태도를 지칭]라는 방식보다 덜 진부하다는 것을 보게 될 것이다.

생물학적 결핍과
사회적 과잉 보상작용: 최약자의 선택

/

『인간의 유래』 2장 「인간이 하등동물에서 발달한 방식에 관하여」는 새로운 예시를 제시하면서 인간과 동물 간의 유사점을 대상으로 하는 연구를 이어나간다. 대부분의 대분류 체계를 전반적으로 살펴본 결과가 어떻든 간에, 이러한 유사점은 생물 형태가 직관적으로 얼마나 비슷하느냐에 따라 신체적 혹은 심리적 가변성 자체에 관계된다. 그뿐 아니라 형질과 자질의 유전적 전달, 생존조건 의존도, 신

---

30   파트리크 토르, 「찰스 다윈의 뜻밖의 인류학」, 『인간의 유래』, '서문', p. 41.

체 기관 및 능력의 용불용 효과, 성장 중단, 격세유전 현상, 신체 일부의 상관적 변이, 생식력 증대 경향, 인구 균형과 선택 작용, 본능과 지성의 역할과도 관련된다. 이 유사점에는 필연적으로 차이점이 동반되는데, 차이점 없이는 진화를 생각할 수 없다. 인간은 늘 취하는 직립 자세에서 여러 상관적 이익을 이끌어내며, 유인원 정도가 이따금 비슷한 자세를 취한다. 점차 몸을 지탱하고 이동시키는 유일한 기관이 된 인간의 두 발은 쥐는 능력을 잃어갔으나, 수많은 원시 부족에게서 이 기능이 잔존함을 확인할 수 있다. 직립 자세로 자유로워진 두 팔과 두 손은 기술적인 제작을 담당하기 시작했고, 송곳니 대신 손으로 만든 도구를 공격 및 방어 무기로 삼으면서 송곳니는 퇴화됐다. 턱뼈와 이는 크기가 줄어들었다. 두개골은 변형되어 현생인류의 두개골에 가까워진 반면, 두뇌는 지능이 점차 발전함에 따라 상대적으로 커졌다. 몸은 털가죽을 벗어던졌다. 다윈은 이를 요컨대 성선택과 (당시 그가 아직 다루지 않았던) 몸치장 때문이라고 보았다. 이 모든 상관적인 변화는 수적 성장을 기반으로 이루어졌다. 각 인간 개체군은 맬서스의 법칙에 따라, 그리고 모든 생물 개체군이 보통 그러는 것처럼, 자신이 속한 환경에 주어진 생계수단 이상으로 증가했고 이는 생존투쟁과 자연선택을 부추겼다. 이에 자연선택은 신체 기관 용불용의 유전적 효과 및 성선택과 결합하여 구인류舊人類[일반적으로 기원전 50만 년 전 이후 나타난 인류]로 이어진 진화적 흐름의 대부분을 만들어냈다. 이 구인류는 조상인 진원류眞猿類와 마찬가지로 사회를 이루어 살았다.

사회를 이루어 사는 생활방식은 인간이 즉흥적으로 만들어낸 것이 아니다. 이 역시 유성생식동물의 기나긴 진화 역사에 기록되어 있으며, 심지어는 생식하기 위해 서로 뭉치는 달팽이처럼 자웅동체 동물에까지 퍼져 있다. 사실 다윈은 사회생활의 시초가 우선 자웅이체동물 단계에서 싱직·생식직 이분염색체에 의해 구성된디고 굳게 확신했다. 이는 자연선택 및 성선택의 간섭이 상당히 이른 시점부터 영향을 미친다는 사실을 암시한다. 이에 관해서는 추후 다시 살펴보겠다.

자연선택은 공동체 안에서 어떻게 일어나며 공동체에 어떤 영향을 미치는가? 이 질문은 『인간의 유래』 2장 말미에 처음으로 등장했으며, 그에 대한 대답은 당연하지만 추후 반드시 확장될 요소들을 포함하고 있다. 그러나 굉장히 중요한 만큼 이 요소들의 가장 세부적인 사항부터 살펴보아야 한다.

사회적인 동물의 경우, 자연선택은 때때로 공동체에 이로운 변이의 보존을 통해 개체에 영향을 미치기도 한다. 뛰어난 개체를 다수 포함한 공동체는 수적으로 증가하며 덜 유리한 다른 공동체보다 우세해진다. 그리고 이는 그로 인해 각기의 구성원이 같은 공동체의 나머지 구성원들에 비해 전혀 우위에 서지 않더라도 마찬가지다. 군집생활을 하는 곤충에게서 그 예를 찾아보자면, 각각의 개체에게 쓸모가 있다기보다는 공동체를 위해 복무하는 훌륭한 신체 구조 대다수, 즉 화분花粉 수집 장치, 일벌의 침, 병정개

미의 커다란 턱뼈가 바로 그렇다. 사회적 고등동물의 경우, 오로지 공동체의 이익만을 위해서만 이루어진 구조 변화에 대해서는 아는 바가 없지만, 신체 구조 변화 중 일부는 공동체 전체에 부차적인 편의를 제공하기도 한다. 예컨대 반추동물의 뿔과 비비원숭이의 커다란 송곳니는 성적 투쟁에서 수컷의 무기로서 획득되었던 것 같으나, 무리를 보호하기 위해서도 사용되었다. 추후 5장에서 살펴보겠지만 몇몇 지적 능력의 경우는 상황이 완전히 다르다. 왜냐하면 이는 대부분 혹은 전적으로 공동체의 이익을 위해 획득된 동시에, 각 개체에게 간접적인 이득을 제공하는 능력이기 때문이다.[31]

개괄적인 개요를 설명해놓은 이 텍스트는, 다윈이 인간의 차원에서 선택 작용 및 그에 따른 이익에 직면한 개인과 공동체가 맺는 관계를 제대로 평가하기 위한 일종의 방향지시등처럼 분석되어야 한다.

1. 자연선택은 직접적이든 간접적이든 언제나 개체에 작용한다. 이는 선택이 언제나 변이를 기반으로 하며, 변이가 언제나 유기적 개체에 관련된다는 사실을 상기한다면 쉽게 이해된다.
2. 각 개체가 개체적인 이익을 획득하는 현상 그리하여 유리해진 개체들이 늘어나는 현상은 공동체를 위한 선택 이익이 된다.

---

31 『인간의 유래』, 2장, pp. 146~147.

이 새로운 선택 이익은, 공동체의 승리가 비록 개체에게 유리하게 작용한다 하더라도 다른 구성원에 비해 특정 구성원의 우위를 전혀 강화해주지 않는다는 의미에서, 더는 개체에 직접 관련되지 않는다. 추후 살펴보겠지만, 공동체의 승리는 구성원 간의 도태적 투쟁이나 실격 경쟁에 기초하는 것이 아니라, 오히려 구성원들 간의 효과적인 협력을 얼마나 최적으로 확립하느냐에 달려 있다.

3. (개체 생존이 공동체에 의해 좌우되는) 사회적 하등동물의 경우, 개체의 신체 구조는 주로 공동체에 이로운 방향으로 선택되며 개체에는 그 효과가 미미하거나 전무하다.

4. (개체 생존이 공동체와 무관할 수도 있는) 사회적 고등동물의 경우, 신체 구조는 주로 개체에 직접 이로운 방향으로 선별되며 공동체에는 그 효과가 부차적이다. 뿔과 송곳니의 예는 성선택(수컷의 구애 행동과 전투 면에서는 개체적이고 직접적인 이익, 생식적 성과 면에서는 공동체적이고 간접적인 이익)과 자연선택(생존 싸움에서는 개체적이고 직접적인 이익, 여타 개체군과의 충돌에서는 공동체적이고 간접적인 이익)을 조합시킨 결과다.

5. 반면, 몇몇 지적 능력의 차원에서 공동체적 이익은 직접적이고 지배적이며 개체적 이익은 간접적이며 재분배된다.

6. 고등동물의 이타주의는 개체적 이익과 막연하고도 간접적인 관계만을 지니는 만큼, 사회적 곤충의 특징인 무의식적이며 기계적인 행위와는 거리가 멀며 점점 더 의식적·자발적이 되고, 특히

인간의 경우 이성적 능력 발달과 점점 더 관련된다. 이 견해야말로 위 항목들의 필연적인 귀결인 셈이다.

다윈은 개체와 사회 간의 진화적 관계를 관찰하는 편이 유용하리라는 사실을 애초에 알고 있었다. 이 같은 추론은 그에게 어떤 명료한 구조를 제시하는가? 만일 인간이 고등동물 중 가장 '진화되고' 가장 '지각 능력이 뛰어나다'는 통념, 그리고 인간이 그 누구보다도 '사회적' 구조를, 그리고 그에 상응하는 생활방식과 자질들을 발전시켰던 덕분에 이처럼 독특한 우위를 확립했다는 통념에 동의한다면, 우리는 1번에서 5번으로, 즉 개체적 이익이 지배하는 세계에서 사회적 이익이 지배하는 세계로 건너뛰게 된다. 이 사회적 이익은 신체적 능력의 향상이 아니라 지적 능력의 사용이 한층 세심해지고 증가하는 데서 비롯한다. 다시 말하자면, 지능의 강력한 발전은 개체적 이익에 대한 사회적 이익의 진화적 승리를 동반하며, '사회생물학적' 방식이 아니라 일종의 사전계약 방식으로 이루어지는 것이다.(이 사전계약 방식에 따르면, 상호 공격을 암묵적으로 단념하여 서로 연합을 맺은 개체들은 연합으로부터 더 강력한 방어와 보호, 즉 생존 이득을 얻는다.) 그러나 4번 항목에서는 사회적 하등동물(곤충)과 사회적 고등동물(원숭이, 인간) 사이에 의미심장한 역전이 발생한다는 사실을 추론할 수 있다. 사회적 하등동물에게 신체 구조의 선택적 변이는 그다지 분화되지 않은 공동체적 집합체의 즉각적인 이익을 위한 것이다. 이 공동체는 하나의 개체와 유사하며 이 개체는 자신이 지닌 어느 비자율적 신체 부위와 유사하다. 반면 개체가 더 독립적이고 자율적인 사회적 고등동물에게 신체 구조의 선택적 변이는 즉각적이며 주로 개체적인 이익을 지닌다. 그렇지만 이 개체적 이익은 생식과 외적 투쟁을 통해 공동체에 부차적인 파급력을 미친다. 여기서 우리는 각 사회 구성원의 개체성이 점점 더 증가함에도 불구하고 어느 고등동물 사회가 있는 그대로 살아남으려 한다면, 직접적으로 개체적인(사회성과 거리가 먼) 이익 혹은 즉각적으로 공동체적인(곤충 사회와 비슷한) 이익 외에 또 다른 생존 수단을 고안해야 할 것이라는 결론을 추론할 수 있다. 이 같은 수단은 '지적 능력'의 영역에 속하며, 다윈 스스로 같은 단락 끝부분에 적은 것처럼, 이러한 지적 능력의 이익은 자연적 개체가 아니라 사회적 공동체에 직접 관련된다는 사실을 추후 살펴볼 것이다. 다시 말해, 고등 공동체의 이익(6번 항목)은 지능 및 의도적 의지의 중재를 점차 증대시키기를 요한다.

다윈의 담론이 지닌 대대적인 일관성은 해당 장을 마무리하는 그다음 단락에서부터 그 효과를 내기 시작한다. 다윈의 가장 격렬한 반대자인 아가일 공작은 인간의 선천적인 약함, 자연에서 그 유례를 찾아볼 수 없는 개체상의 취약성을 강조했으며, 인간에게 자연적인 방어 및 보호 수단이 없다는 사실을 자연선택 법칙을 무효화하기 위한 논거로 삼았다. 실제로, 보통은 제거될 법한 신체적 무력함과 약함이 어떻게 유리한 변이의 선택 작용으로 보존될 수 있었을까? 인간은 분명 날카로운 발톱도 송곳니도 없고, 딱히 강하거나 빠르지도, 후각이 유난히 발달하지도 않았으며, 기어 올라가는 능력이며 몸을 보호해주는 덥수룩한 털도 잃어버렸다. 반면 수컷 원숭이에게는 여전히 강력한 송곳니가 있는데, 이 송곳니는 주로 암컷을 차지하는 싸움에서 경쟁자들과 맞서는 데에 사용된다. 다윈은 암컷 원숭이의 생존에는 송곳니가 필요하지 않았다고 지적한다. 게다가 사람과의 기원이 유인원의 더 강한 형태(고릴라에 근접)와 더 약한 형태(침팬지에 근접) 중 어느 쪽에 연결되어야 하는지 여전히 아무도 알지 못한다. 그렇지만 다윈은 고릴라의 뛰어난 자기방어 능력이 아마도 고릴라의 사회화에 걸림돌이 되었으리라고 지적한다. 그리고 인간이 이와 동일한 자기방어 능력을 갖추었더라면 '동류를 향한 공감과 사랑 같은 고차원적 지적 능력의 획득'에 십중팔구 방해가 되었으리라고 본다. 따라서 인간의 직접적인 조상과 현생인류 간에 위치한 진화 단계에서 약점은 이익으로 작용했던 셈이며, 이 약점이야말로 인간을 위험 앞에서의 단결, 협력과 공조, 그로 인한 지성의 발달로 인도했던 주인공이다. 사회적 본능의 무한 확장에 따른 개체적 본능의 정확성 감소를 비롯한 동물적 능력의 점진적인 상실은 이성적 능력과 사회적 자질의 동시 증가로 과잉 보상되었다. 다윈이 인간이라는 동물의 진화적 경향을 어떻게 바라보았는지 설명해야 한다면 이는 다음과 같이 요약될 수 있다.

- 개체적 차원: 신체적·본능적 능력의 결핍과 지능적·정서적 과잉 보상

   – 공동체적 차원: 생물학적 결핍과 사회적 과잉 보상
     – 선택 이익 차원: 생물학적 이익에서 사회적·심리적 이익으로
의 단계적인 대체

　바로 이 같은 전반적인 흐름을 다윈은 『인간의 유래』의 '인류학적'
장들에서 묘사하고 논평할 것이다.

유사성을 찾아서: 인종의 문제

/

다윈에 관련된 끈질긴 여러 오해는 이미 서서히 반박되고 있다.
　먼저, 자연선택의 작용에 불가피하게 연결된 적자생존을 '최강자'
의 '승리' 혹은 '지배'와 혼동하는 오해가 있다. 오히려 방금 전 우리
는 다윈의 논리를 그저 따라가는 것만으로도, 자연의 전 역사에 걸
쳐 가장 괄목할 진화적 승리, 즉 인류를 빛낸 사회적 생활이라는 형
태의 승리가 약함의 산물이라는 것을 증명해 보였다.
　다음으로는 다윈의 사상을 개인주의의 승리와 혼동하는 오해가
있는데, 추후 살펴보겠지만 이는 실제로 스펜서의 사상에 해당한
다. 우리는 여전히 다윈의 텍스트를 따라가며, 인류의 우위를 최종
결정했던 선택 이익이 공동체적 생활방식과 지성(공동체적 생활방식

을 가능케 하고 이러한 생활방식이 장려한), 상호 조력, 공감(공동체적 생활방식을 구성하는 데 사용된 행동방식과 감정)에 근거한다는 사실을 증명했다.

다윈은 『인간의 유래』의 주요 네 장, 즉 3장, 4장, 5장, 21장에서 이제 그 다양성이나 일관성에서 지적 능력과 명확한 관계에 있는 사회적 인간을 분석했다. 분석 방식은 이전과 동일하게 비교 연구이며, 계통발생학적 용어로 해석 가능한 유사점 연구로 이루어져 있다. 3장과 4장은 모두 '인간과 하등동물의 지적 능력 비교'라는 같은 제목을 달고 있으며, 4장은 3장의 연속에 불과하다. 5장의 제목은 '원시시대와 문명시대 동안 지적 능력 및 도덕 능력의 발전에 관하여'다. 21장은 이 책의 결론에 해당한다.

다윈은 지적 능력 차원에서 인간이 지닌 '진화적 초월성'[32]을 단

---

32 이 표현은 다윈의 표현이 아니라 『다윈주의와 진화 사전』의 해제가 상기시키듯이 역사상 정당화된 비판들에서 차용한 것이다.
"다양한 현상 및 학문의 분류상 콩트의 실증주의로 되풀이되는 전통적인 견해는, 무기물이 지닌 일반적인 특성을 생명이 '초월하기'를, 또 한편으로는 아무 동물의 지적 능력을 인간의 지적 능력이 '초월하기'를 바란다. 그런데 이 인간의 지적 능력의 '초월성', 진화적 초월성 가운데 비교적 최근에 나타난 이것은 생명의 출현에 관련된 문제만큼이나 복잡하고 민감한 문제를 제기하는 듯하다. (⋯) 동물성에 대한 인간적 초월성은 본디 지식과 미의식, 지혜 등 '정신적인' 영역에 속했다. 인간 진화에 관한 이 '철학적' 담론은 1877년 카트르파주가 자신의 저서 『인간 종』에서 보였던 구분을 부지불식간에 되풀이했던 것 같다. 카트르파주는 자발적으로 움직이는 능력이 특징적인 '동물의 영혼'과, 도덕성 및 종교성의 존재로 나타나는 현상이 특징적인 '인간의 영혼'을 구분했다.
따라서, 비록 진화에 대한 고찰 차원의 임시적 개념이기는 하지만, 이 개념은 다윈의 유물론적 생물변이론에 오히려 반대되는 유심론에 역사적인 뿌리를 두었다. 다윈에게는 자연의 변화 가운데에 단절도 이실적인 난입노, 인간에게만 분리된 계界노 생각할 수 없는 일이며, 인간은 그 도덕적인 진화에도 불구하고 여전히 동물과 계통발생학적으로 연결된 존재였다.

한 번도 평가 절하한 적이 없다. 그가 늘 반복적으로 주장하듯, 이 지적 능력의 차원에서 제일 똑똑한 원숭이와 문명화된 가장 열등한 인간 사이의 거리는 상당하다. 그렇기 때문에 여기서 중요한 여담을 한 가지 하고 넘어가는 편이 바람직해 보이는데, 다윈의 인류학 서서를 읽으며 완선한 기정사실로 받아들여야 하는 내용이다. 이는 일부 민족이 오늘날 행사하는 영향력의 객관적 기준에 근거한, 민족들의 위계적 이미지와 인종주의 사이에 확립되었다고 간주되는 관계에 관한 것이다.

빅토리아 시대의 영국에서 다윈만큼 인종주의에 맹렬하게 반대했던 사상가도 드물 것이며 이는 무엇보다도 사실관계의 문제였다. 노예제도에 대대로 반대했던 가문에서 태어난 다윈은 브라질에 체류하던 중 용납 못 할 정도로 잔혹한 장면들[33]을 목격하고 분노하

우리는 이미 19세기 말의 논쟁에서 인간의 정신적 영감에 관한 주장과 다윈주의를 옹호하고 보급한(독일의 헤켈 같은) 이들의 주장이 서로 대립하여, 18세기에 나왔던 몇몇 가설을 부활시켰던 것을 목격했다. 전자는 인간이 별도의 인간계에 포함되어 독자적인 강綱을 이루는 것을 정당화했던, 나머지 생명체에 대한 인간의 '초월성'을 옹호했던 주장이고, 후자는 날것의 몸과 생명력을 지닌 몸 사이의 완전한 연속주의, 심지어는 인간의 사이키즘과 분자 차원의 사이키즘의 한 형태(유물론적 범심론) 사이의 완전한 연속주의로 기울었던 주장이다.

이러한 대립에 대해 다윈주의 고유의 해답은, 그 어떤 형태의 '단절'이나 '초월성'에도 기대지 않고, 다윈 자신의 인류학 차원에서 사회적 본능의 선택되고 집중된 행위 가운데, 합리성의 진보와 공감의 증대를 모색하는 것이었다."(파트리크 토르, 이브 귀, 『진화적 초월성』, vol. III, p. 4317)

33 가장 자주 서술된 이야기 중 하나는 '대농장'의 소유주와 그 관리인 간의 격렬한 말다툼이었다. "자기 관리인과 언쟁을 벌이던 중, 레넌 씨는 쿠퍼 씨가 굉장히 아끼는 어린 혼혈 사생아 아들을 공공 경매에 내다 팔겠다고 협박했다. 또한 레넌 씨는 모든 여자와 아이를 남자들로부터 떼어놓은 뒤 이들을 리오 장터에서 따로 팔아치울 준비가 되어 있었다. 이 두 가지처럼 충격적이고 끔찍한 예를 상상할 수 있는가? 하지만 나는 레넌 씨의 인간성

여 좀더 개인적인 차원에서 인종차별에 반대하게 되었다. 그리고 이로 인해 다윈은 비글호의 피츠로이 선장과 사이가 틀어졌다. 노예가 주인 앞에서 자신의 예속 상태를 찬양하는 것이 과연 진실일지 의구심이 든다고 말했기 때문이다.[34] 다윈이 일부 당대인이 주장했던 인종주의를 비롯하여, 인종을 이유로 한 모든 형태의 인간 박해에 박대했던 것처럼 노예제도에 반대했던 사실[35]은 분명 진지한

과 양식은 보통 사람의 수준을 넘어서는 편이라고 맹세한다. 이러한 사건 앞에서, 노예제도를 용인 가능한 악이라며 지지하는 사람들의 논거는 얼마나 취약하기 짝이 없는가!"(『일기』, 1832년 4월 15일)

34 『찰스 다윈의 자서전 1809~1882』, p. 74.

35 다윈은 23세에 비글호에 탑승해 항해 초기부터 항해 일지를 작성했는데, 1832년 3월 12일 자에는 어느 일화를 적으며 다음과 같이 언급했다. "패짓 선장은 우리를 수차례 방문했고, 그는 언제나 굉장히 유쾌했다. 패짓 선장은 노예제도에 관련된 눈 뜨고는 봐줄 수 없는 사건들을, 그럴 수만 있다면 얼마든지 반박을 늘어놓았을 사람들 앞에서 언급했다. 내가 영국에 있을 때 그런 기사를 읽었더라면 노예제도를 호의적으로 바라보는 지나치게 순진해빠진 사람들에게 그 이야기를 들려주었으리라. 노예무역의 범위가 매우 광대하고, 이 산업이 가차 없이 옹호되고 있으며, 존경할 만한 인물들(!)이 여기에 연루되었다는 사실, 우리 나라에서 이 모든 것은 전혀 과장된 것이 아니다.(단언컨대 나는 대다수 노예의 실제 삶이 우리가 이전에 일반적으로 생각했던 것보다 그다지 행복하지 않으리라는 사실을 믿어 의심치 않는다. 그러니 노예주의 관심과 그가 품을 수 있는 모든 좋은 감정은 그런 방향으로 나아가야 할 것이다.) 그러나 패짓 선장이 충분히 입증했던 바와 마찬가지로, 그 모든 노예 중 설령 제일 나은 대접을 받는 자라 하더라도, 그 누구도 자기 나라로 돌아가길 바라지 않는다는 것은 완전한 거짓말이다. 영국의 문명화된 미개인들이 신 앞에서조차 자기 형제로 여기지 않는 노예 중 한 사람은 '우리 아버지와 두 여동생을 단 한 번이라도 볼 수 있다면 좋겠어요. 그들을 절대 잊지 못할 겁니다'라고 말했다. 일례로, 나는 다른 부분에 관해서라면 얼마든지 신뢰할 만한 사람들이, 노예제에 관해서는 그토록 고집스러우며 선입견에 완전히 눈이 멀어 있는 경우를 보았다. 이 부분에 관해서라면 나는 주저 없이 그들을 불신할 것이다. 내가 판단할 수 있는 한, 노예제에 맞서는 싸움을 영광으로 삼는 모든 개인은 어쩌면 자신이 상상했던 것보다 훨씬 더 거대한 불행에 맞서서 분투했던 것인지도 모르겠다." 닷새 후, '경이로운 바이아'를 떠나기 전날, 다윈은 이렇게 적었다. "만일 자연이 브라질에 부여한 것에 인간이 자신의 적절하고 정당한 노력을 더했더라면, 브라질 주민은 조국을 얼마나 자랑스러워했을까! 하지만 주민 대다수가 노예 상태에 놓여 있는 상황

개별 연구의 주제가 될 만하다. 그리고 그것이 단 한 번도 시도되지 않았다는 점은 기이하기 그지없다. 이러한 개별 연구는 특히 인종주의 의학자인 제임스 헌트의 영향에서 유래된 반목의 역사를 밝히고 분석하게 해줄 것이다. 여기서의 반목이란 애버리지니 보호협회가 구상한 자선운동에서 1843년에 생겨난 런던 인종학회와, 노예제도를 옹호하고 모든 인종이 근본적으로 대등하지 않다는 견해를 기반으로 가혹한 식민적 행태를 유지하기 위해 몇몇 반대자가 1863년에 창설한 런던 인류학회 간의 반목을 말한다. 미국 남북전쟁과 시기상 우연히 맞아떨어지는 이 대립 상황에서, 인간 연구의 일관성과 인간의 윤리적 존엄성을 보존하는 데 관심을 가졌던 다윈에게 찬동하는 움직임이 헌트의 입장과 대립되었다. 그리고 다윈 본인도 『인간의 유래』를 출간하기 얼마 전인 1860년대 말에 런던 인종학회에 가입했다. 이는 이 마지막 저서의 서문에서 다윈이 밝힌 세 주요 주제 중 하나인 인종 관련 내용이 그 이론상, 영국과 전 세계에서 끝나기 요원한 논의에서 하나의 역할을 하도록, 그리고 '다윈주의'

―

에서, 교육이 완전히 부재하며 인간의 노동을 원동력 삼아 끝없이 반복되는 이 제도 아래서, 모든 것이 이 노예제에 오염되는 것 외에 과연 무엇을 기대할 수 있겠는가?"
다윈은 리우데자네이루에서부터 이렇게 적었다. "나는 토리당[영국 보수당의 전신]의 당원이 되고 싶지 않다. 이는 오직 기독교 국가의 추문이라 할 수 있는 '노예제도'에 관해 그들의 감정이 너무나 메말라 있기 때문이다."(헨슬로에게 보낸 서신, 1832년 5월 18일~6월 16일) 그는 다음 해에 이 주제로 되돌아왔다. "나는 영국의 상황을 알고서는 가슴이 온통 뜨거워졌다네. 정직한 휘그당 만세! 나는 우리가 자랑스럽게 여기는 이 자유를 향한 극악무도한 처사, 즉 식민지 노예제를 공격하는 데 휘그당이 지체하길 않길 바라네. 이 주제에 관해 영국에서 흔히 접하는 거짓말과 터무니없는 얘기가 역겹게 느껴질 정도로, 나는 노예제도를 지겹도록 목격했고 흑인들에 대한 형편없는 처우를 차고 넘치게 보았다네."(존 모리스 허버트에게 보낸 서신, 1833년 6월 2일)

인종학자와 인류학자 간의 때로는 거칠기까지 한 논쟁을 이어나가도록 요구받았다는 사실을 의미한다. 인종학자들은 인종 및 문화의 모형화에 환경이 영향을 미치며 인류의 조상은 단 하나로 동일하고 (인류일원론) 식민지와의 관계를 인간화할 수 있으며 원주민을 교육할 수 있다고 주장했으며 당연한 얘기이지만 노예제도의 폐지를 부르짖었다. 반면 인류학자들은 인종에 관련된 모든 것이 생물학적으로 사전에 결정되어 있으며 인류의 조상은 다양하고(인류다원론) 식민 지배를 강화해야 하며 노예적 관계는 근본상 자연스러운 것으로 개선이 불가능하다고 강조했다. 이제 살펴볼 것은 이 노예제도와 인종 문제에 마주하여 다윈이 보인 개인적·정치적·윤리적 태도가 평생 완벽하게 변함없었다는 사실이다. 이러한 태도는 먼저 과학적 지식의 진보를 적극적으로 신뢰한 만큼 노예제 폐지 운동에도 공감했던 두 유명한 선조인 이래즈머스 다윈(친조부)과 조사이어 웨지우드(외조부)의 양식 있는 인문주의를 계승한 것이며, 남아메리카 대륙의 흑인 노예에게 가해지는 신체적·정신적 고문을 직접 목격함으로써 한층 견고해졌고, 남북전쟁의 맥락 속에서 더욱 자극받았으며 마침내 『인간의 유래』로 이론화되었다. 이 책의 4장은 이처럼 타자를 동류로 인정하자는 외침을 담았다.

가장 단순한 양식을 가지고도 알 수 있는 사실이 있다. 사람이 문명에서 진보해나가고 작은 부족이 더 큰 공동체를 이룸에 따라, 각 개인은 설령 개인적으로 모르는 이들이라 하더라도 같은 나라에 속한 모든 구성원에게 그의 사회적 본능과 공감을 확대해야 한다는 것이다. 일단 이 지점에 도달하고 나면, 이러한 공감을 모든 나라와 모든 인종의 사람들에게 넓혀야 한다는 사실을 가로막는 것은 오로지 인위적 장벽 하나뿐이다. 물론 이 사람들이 외양이나 관습의 커다란 차이로 그him와 나뉘어 있다 하더라도, 안타깝게도 우리us가 이 사람들을 우리 동류처럼 보기까지 얼마나 긴 시간이 걸리는지를 경험을 통해 알 수 있다.[36]

마지막 문장에서 '그him'가 '우리us'로 바뀐 것은 문법상 실수라기보다는 타자를 우리의 동류로 인정하는 데에 뒤떨어진, 비난받아마땅한 이들을 진정으로 참여시키는 행위라고 해석하는 편이 적절하다는 점은 차치하고 넘어가겠다. 이 발언 하나만으로도 전형적인 '인종주의적' 태도를 묵인한다는 비난을 일소하기에는 충분하며, 타자를 자신과 유사한 존재로 인정하는 것 자체가 문명의 진보를 판단하는 척도라는 사실에 잠시 주목해보자. 게다가 이어서 이 단락은 문명 고유의 이러한 움직임이 종의 경계를 넘어서서 일구어낸 결과를 설명한다. "인간 종 너머로 확대된 공감, 즉 하등동물을 향한 자비(인간성)는 가장 최근에 획득된 도덕성으로 보인다." 생체 해부에 관한 다윈의 굉장히 균형 잡힌 태도[다윈은 생리학 분야에서 동물실험이 유용할 수 있지만 끔찍한 동물실험이 정당화될 수는 없다고

---

36 『인간의 유래』, 4장, p. 210.

보았으며 동물실험을 규제하는 최초의 동물 학대 방지법 제정을 주도했다는 '인간성'이라는 평가 요소를, 비인간적 존재를 향한 자신의 태도에 반영한 결과다. 그러므로 여기에는 도덕의 진보와 외연을 같이하는 문명의 진보가 존재하며, 이러한 진보는 공감의 경계가 얼마나 확장되느냐로 평가된다. 문명은 멀리 있는 것을 동류로 인정함으로써 점점 더 가깝게 만든다. 분화적 진화의 점진주의와 일관되듯 계통발생학적 연속주의와 일관되는 이러한 사고구조야말로 다윈의 인류학을 지배하는 구조다. 반대로 인종주의는 경계에 집착하며, 거리를 본질화하여 영속화하고, 타자의 유사성을 피한다. 바로 그렇기 때문에 인종주의적 인류학 이론은 거의 대다수 인류다원론을 택한다. 본질이나 숙명 등의 용어로 간단하게 해석할 수 있는 수많은 내재성만큼이나 수많은 혈통으로 인류의 기원을 되돌려 보내는 것이다.

그럼에도 여전히 다윈의 텍스트에서 '인종주의적' 서술을 읽어내고자 고집하는 위험한 오류를 근절할 필요가 있다면, 이는 다윈이 잘해봤자 몇몇 전문가(이들은 대부분 이 민감한 문제를 강조해봤자 아무 소용없다고 생각했다)에 의해서만 읽혀졌을 뿐 아니라, 피식민 국민의 타고난 열등성을 증명한다고 우기는 '자연주의적' 인종주의에 의거한 식민적 패권을 정당화하길 바라는 이들이 이렇게 유지된 오류를 끝없이 이용해왔기 때문이다. 한편 반대편 진영, 즉 다원주의와 사회적 다원주의, 우생학을 뒤섞어 생각하는 성급한 인도주의자들의 진영에서 '다원주의'는 사회적 관계들 및 여러 사회 간 관계의 불평등한 개념을 지지하는 이념처럼 순식간에 대충 해석되었는데, 이런 '다원주의'에 대항하는 투쟁이야말로 관대하고 진보적이길 바랐던 입장에게 중차대한 실책의 원인이 되었다. 오늘날 안타깝게도 다원과 히틀러를 동류로 보는 이들은 히틀러가 노렸던 바를 그대로 따르는 셈이다. 그러니 우리는 어쩔 수 없이 이 지점으로 수없이 되돌아가야 할 것이다. 하지만 그러기에 앞서 이러한 혼동에 상당히 침범당한 개념적 영역을 쇄신해야 한다. 그리고 이를 위해서는, 카를 포퍼 경에게는 실례가 될지 모르겠지만, 대부분이 정의에 관한 문제인 근본적 문제들로 되돌아가야 한다.[저자는 어느 토론회에서 자신은 정의를 내리는 작업이 굉장히 중요하다고 보며, 이는 반증 가능성이 있는 이론이야말로 진정으로 과학적이라고 보았던 카를 포퍼의 의견과는 정반대라고 설명한 바 있다.] 이 문제들은 오늘날에는 다음과 같이 표현될 수 있을 것이다.

- 인종이란 무엇인가?
- 인종주의란 무엇인가?
- '인종'이 과거에 존재했으며 현재에도 존재함을 인정하는 것이 '인종주의'로의 첫걸음이 될까?
- 식민 현상으로 강요된 불평등한 사례와 관련된, 인종적 위계질서의 확립이 '인종주의'의 정의로 충분할까? 인간 공동체 간의 접촉에서 우위/열위의 관계를 어떻게 생각해야 하는가?

이 모든 민감한 질문은 20세기 말경에 그다지 민감하지 않은 태도로 다루어졌다. 심지어 1992년 3월 파리에서는 소규모 학회가 열려 프랑스 공공기관의 어휘 목록에서 '인종'이란 단어의 삭제 여부를 결정했는데, '인종race'이라는 단어가 암시하는 과학적 내용물이 오랫동안 존재하지 않았기 때문에 이 단어는 기만에 불과하다고 여겨졌다. '인종'이라는 단어를 삭제한다고 자동적으로 인종주의가 소멸될지에 관해 모든 참가자가 같은 수준으로 설득되었는지는 확실하지 않지만, 대부분 이 단어의 삭제가 적어도 인종주의라는 이념의 가장 무의식적이고 끈질긴 수단 중 하나를 지워낸다고 생각하려 했다고 봐야 한다. 이 용어를 일종의 고어로서 대하며 그 누명을 벗겨주고자 용어의 일차적 의미 및 용법을 비롯하여 문제적 용어가 된 연유를 설명하고, 어휘 목록 말고도 다른 곳에서 이런 담론이 만들어진 사례를 찾아볼 생각은 십중팔구 그 누구도 하지 못한 듯하다. 해당 담론을 진지하게 분석하기도 전에 격파하려 했던 것이다.[37]

---

37 물론 진화의 전개에서 분류상의 구분이 일시적이고 기술적인 가치만을 지닌다는 것을 인정한다 치더라도, 여기에는 여전히 자연주의적 의미가 존재한다. 즉 오직 하나의 인간 종species만이 존재하며 이 종은 다른 모든 생물 종처럼 여러 변종variety을 포함한다는 것이다. 자연주의적 전통에서 'race'는 종종 'variety'의 동의어다. 제대로 된 자연주의자라면 그 누구도 인간 종 안에 변종('race')들이 존재하지 않는다고 우기지는 않을 것이다. 그런데 1970년대부터, 손쉽고 동어반복적인 확실성을 추구하는 인도주의적-진보적 견해의 강력한 지지를 등에 업은 어느 풍조가 다음과 같은 견해를 내놓았다. 인종race은 그 가시적인 명백함에도 불구하고, 생화학유전학과 혈액 표본을 통해 확인된 숨겨진 결정인자를 고려한다면 존재하지 않는다는 것이다. 그리고 이에 따라 인종주의는 생물학으로 반박되는 우둔한 견해라는 것이다. 굉장히 대중회된 이러한 생각은 지배적인 생물적 환원주의reductionism[복잡하고 추상적인 사상이나 개념을 단일 층위의 더 기본적인 요소로부터 설명하려는 입장]에 동의하며, 미디어의 사랑을 받는 몇몇 유명인사[자크 뤼피에, 알베르 자카르, 앙드

레 랑가네 등)가 주장했던 반인종주의 카탈로그를 구성하기에 이르렀다. 이 유명인들의 인식론적 소양은 이들의 의도가 표방했던 탁월함에 미치지 못했던 듯하다. 이렇게 하여 사람들은 인종주의자가 되는 것은 멍청한 일이다. 왜냐하면 인종은 존재하지 않기 때문이다라는 단언을 반인종주의적 논증의 기반으로 삼게 되었다.

논리적으로, 이러한 논증은 그것이 뒷받침한다고 주장하는 대의의 뒤통수를 때리는 결과로 이어진다. 혹시 아주 우연하게라도 인종이 존재한다면, 반드시 멍청이가 되지 않고서도 얼마든지 인종주의자가 될 수 있는 셈이기 때문이다. 하지만 정말로 (물론 혼혈은 아득한 옛날부터 효력을 나타냈으며 이는 '순혈'이라는 견해 전체를 완전히 금지한다) 인종의 존재를 부정할 근거 있는 이유는 전혀 없다. 그리고 혈액형 혹은 유전학에 관련된 미시적 척도라는 부자연스러운 선택은 실질적인 형태 해부학적 차이, 더 나아가서는 유전 가능한 생리학적 차이(예컨대 일부 아프리카 민족의 성인층에게는 장내 락타아제가 존재하지 않는 경우가 있다)를 지우지 못하는 분류 기법에 불과하다. 이러한 차이가 바로 종의 모자이크를 구성하는 변종 사이에 계속하여 나타나는 것이다. 그 자체로도 너무나 수상쩍은 부인否認에 기반을 둔 이러한 반인종주의의 갈래를 가려켜 과학적으로 정밀하며 앞서나간 반박 방식이라고 옹호했던 이들은 처참한 기로에 접어든 진보적(더 깊게 파고든다면 '지배적인 진보적 이념'의) 여론에 영합했을 뿐 아니라, 향후 모든 극우 인종주의적 선전의 성공을 허용했던 것이다. 왜냐하면 인종의 생물학적 현실(상식으로 충분히 이해할 수 있는, '가시적인' 사실)을 극심하게 드러내 보이기만 하면 인종주의를 허용할 수 있기 때문이다. 게다가 이 논증은 인종주의가 하등의 통합 수준에 속하며 게다가 '비가시적인' 생물화학적 형질이 아니라, 완전체로서의 개체 즉 완전한 유기체이자 생물학적이고 문화적인 표현형phenotype[어떤 개체가 가지고 있는 모양이나 물리적 특성, 행동 등 눈으로 관찰 가능한 모든 형질]을 대상으로 한다는 사실을 망각하고 있다.

여기서 증명했던 바와 마찬가지로, 그리고 목소리만 큰 무지한 이들이 우기는 바와는 정반대로 다윈은 인종주의를 거침없이 반대했으며, 인종주의라는 이념의 가장 비난받을 만한 부분이 그 기저에 깔린, 혈통에서 대물림되며 동일한 숙명을 지닌 불변성에 대한 생물불변론적 견해라는 것을 알기에 유리한 입장에 있었다. 이러한 다윈에게서 나는 인종주의의 담론이자 활동을 이루는 이러한 '충동의 실용주의'(심층 탐구해야 할 또 다른 개념)에 대항하여 어떤 것이 정당하고 효과적인 논증이 될 수 있는지를 배웠다. 왜냐하면 거짓 논증은, 사기처럼 보일 위험까지 무릅써가면서 일시적인 효과만을 내기 때문이다.

이제 우리는 다윈의 인류학에서 자연선택은 사회적 본능을 선별하는데, 이 사회적 본능은 인류 내부에서 사회적 감정, 특히 이타주의적이며 연대주의적인 공감의 만개를 야기한다는 사실을 안다. 이 공감의 두 가지 주요한 효과는 약자의 보호 그리고 타자를 동류로 인정하는 범위의 무한 확장이다. 합리성 발달의 움직임과 연관된 이러한 움직임은 문명 진보의 특징을 보여준다. 문명 내부에서는 교육과 도덕이 자연선택의 자리를 대신했던 것이다. 그러므로 또 다른 인종 및 문화권의 사람을 가축이나 하등한 존재로 취급하는 문명인은 스스로 미개성을 향해 퇴행한 셈이다. 이처럼 다윈은 문명인에게 잔류된 미개성은 격세유전의 방식으로 언제든 다시 활성화될 수 있으며 일상적인 인종주의와 식민주

본론으로 신속히 들어가기 위해, 나는 여기에서 『다윈주의와 진화 사전』의 특정 항목에서 정의와 고증에 관한 몇몇 요소를 요약하거나 수정하여 소개하고자 한다.

인간 집단의 변화가 타고난 생물학적 불평등의 강력한 지배를 받는다고 설명하는 모든 담론은 인종주의적이라고 규정될 수 있으며, 이 생물학적 불평등은 내재적·지속적·유전적인 결정론의 방식으로 작용하며, 사전에 가정된 위계질서의 영향을 실행하거나 장려하거나 악화시키는 행동을 부추기거나 허용하거나 권장한다.[38]

이 같은 정의가 생물학적 불평등이라는 전제에 맞춰진 행동의 추론에 있어 핵심적인 측면을 포함한다는 사실을 주목해보겠다. 사실상 역사적으로 '인종주의적'이라고 점찍을 수 있는 담론은 무엇이든, 그 정도를 막론하고, 불가피하게 특정 행동을 유도하거나 권장하는 담론으로 변해버린다는 법칙에 해당되었던 듯하다. 여러 인종 집단 간에 타고난 불평등이 명백히 드러나면, 명시적이건 암시적이건 간에 일종의 명령이 도출된다. 이 명령은 혼혈 기피나 지배력의 증대, 전쟁, 침략이나 집단 학살, 노예제 유지나 인종 분리 정책이

적 압제로 발현된다는 견해를 강력히 지지했는데, 그에게 '문명인'이 지닌 위대함은 인종의 존재를 부정하는 것이 아니라 다른 인종을 인정하고 사랑하는 것에 있었기 때문이다.

38   파트리크 토르, 『다윈주의와 진화 사전』 중 '인종, 인종주의' 항목, vol. III, p. 3611.

될 수 있다.

이러한 정의에서 이끌어낸 두 번째 중요한 관찰은, 인종이 단순히 오늘날 서로 다른 두 인간 집단 간의 불평등을 전제로 하는 것은 인종주의라는 용어를 진정 구성하는 의미로서의 '인종주의적' 담론이라고 규정하기에 충분지 못하다는 것이다. 게다가 열등성이 인류 역사의 전 기간에 미친 영향이 내재적·지속적·전염적·공외연적coextensive인 것처럼 묘사되어야 한다. 강력한 유전설의 지지를 (더군다나 다양한 형태로) 늘 받는 이러한 생물학적 본질주의라는 요소는 민족들의 숙명에 관한 담론이 지닌 모든 힘을 온전히 인종주의에 부여하는 데에 필요하다. 이는 극히 사소하지만 완전히 다른 결론을 이끌어내는 불평등의 사례다.

그런데 열위/우위의 관계가 시간 및 변이적 변화와 무관하게 자연적 집단에 내재된 것으로 생각될 수 있다는 견해, 즉 '생존조건'에 의해 만들어진 상황과 분리될 수 있다는 생각은 다윈의 이론과 반대된다. 열위/우위 관계를 영원한 것으로 생각하는 견해가 다윈의 이론과 반대되는 것처럼 말이다. 이는 인간 집단에 관해서는 더더욱 강력하게 적용되는데, 인간은 앞서 언급된 조건을 스스로 바꿀 수 있는 종에 속하기 때문이다.

『다윈주의와 진화 사전』은 진화 이론의 '폭넓은' 역사에서 열위/우위라는 한 쌍의 개념이, 다윈이 구성한 개념 속에서 엄밀하게 기술된 구체적이지만 이해하기 까다로운 내용보다는 이념적 유산과 가치론적 일탈을 통해 더 큰 영향력을 행사했다는 점에 이미 주목했다. 바로 이 점 때문에 다윈은 일상적으로 사용되었던 이 용어들을 사용하기를 종종 유감스럽게 여겼지만, 모든 교육적 행보에서 일종의 보편적인 법칙이나 마찬가지인 원칙에 따라, 자신의 이론에 관한 설명에서 이 용어를 빼버리지는 못했다. '자연선택'이라는 표현의 민감한 지위를 주해하는 것이 흔한 일이 되었고, 의미를 불분명하거나 의심스럽게 만들 정도로 '자연선택'의 원래 의미에 대한 이해를 오염시키는 다양한 오용 사례 역시 흔해졌다. 여기서의 오용은 '생존투쟁' '강자의 승리' 등에 관련된 은유와 함께, 이 표현이 '선택'이라는 민감한 영역에서 암시할 수 있는 다양한 해석과 연상 때문이었다. 이것이 바로 다윈 사상에 대한 전반적인 몰이해와 이념적 탈선으로 그의 사상을 덧칠하게 된 현상의 핵심이다. 이러한 이념적 탈선을 불러일으켰던 개념적 장치는 생물진화 연구 담론이 아닌 또 다른 담론의 세계와 어울리는 용어를 사용해야지만 이해가 가능해진다.

열위/우위라는 한 쌍의 용어는 주로 다윈과 진화론 이후의 이론가 대부분에게 세 가지 차원으로 사용된다.

- 직관적인 복잡성 단계에 기반을 둔 생물 집단 간 계층 구조적 관계로서: 예컨대 중추신경을 갖춘 '고등'동물과 중추신경이 없는 '하등'동물 사이의 관계를 말한다.
- 경쟁(생존경쟁), 더 폭넓게는 생존투쟁의 결과에 관한 생물들 간의 관계로서: 그렇기 때문에 우위 혹은 열위는 이 투쟁의 조건

에 대한 생물들의 적응도와 관련된다.

– 인종 간 접촉에서 야기된, 문명도에 관한 비교로서: 이 문명이
라는 개념이 지닌 순수하게 다원주의적인 의미를 명백히 밝혀야
하며, 그 의미는 다원주의가 초래하는 듯 보이는 불평등주의와는
한참 거리가 멀다.

첫 번째는 특히 세포설이 부상한 이후, 생물 복잡성의 단계적인
발현에 따라 계통학이 자발적으로 만들어냈던 분류 및 계층 구조의
효과가 이룬 전통적인 차원이다. 이러한 복잡성 단계는 단세포 원
핵생물(박테리아) 및 단세포 진핵생물(원생동물)과 다세포 진핵생물
(후생동물) 사이에, 무척추동물과 척추동물 사이에, 하등 척추동물
과 고등 척추동물 사이 등에 존재한다. 다윈은 자연주의자 대부분
이 공감했던 합의와 크게 차이나지 않는 정도로 이 같은 차원을 이
용했는데, 다만 자연적 계층 구조가 향후 수립될 진정한 '계보학적'
분류(계통발생학)의 가능 조건들에 기반을 두어야지만 이 계층 구조
가 유효하며 의미를 지닐 수 있다고 보았다.

두 번째는 다윈 본인이 개인적으로 추가한 사항이기에 더욱 흥미
롭다. 선택 이론의 논리 속에서 어느 생물의 진화적 우위는 주어진
조건 속에서 일어난 생존투쟁에서 경쟁 개체를 이기는 능력과 일치
하는 듯 보인다. 그러므로 이는 생식력의 우위를 통해 뒷받침된 적
응적 우위인 셈이며, 바로 위의 차원에서 묘사되었던 유기적 복잡
성 단계를 전반적으로 고찰함으로써 확립된 우위와 일치하길 전혀

요하지 않는다. 왜냐하면, 예컨대 더욱 '진화한'(즉 직관적으로 볼 때 더욱 복잡한) 생물에게는 치명적일 수 있는 특정한(습도나 온도 등의) 조건에서는 오로지 '하등' 생물들만이 살아남을 수 있다고 밝혀졌기 때문이다. 형태 해부학적 구조상의 우위와는 더더욱 관련이 없다. 날개를 아예 잃다시피 한 초시류가 바람이 모든 것을 휩쓸어가는 연안 지대에서 살아남기에 유리한 조건을 얻은 것처럼, 특정 기관의 퇴화는 적응적 이익을 지니기 때문이다. 이러한 예 하나만으로도 다음의 사항을 증명하기에는 충분하다. 즉 다윈의 주장에 따르면, 자연 속에서 '우위'는 내재적인 것으로 생각되는 어느 유기적 완벽성에 전적으로 관련된 것이 아니라, 언제나 주어진 조건에 관련된 것이며 이 주어진 조건은 어느 기관의 기능을 온전히 갖추었을 때보다 그 기관이 없거나 혹은 이것을 잃어버린 경우에 더 유리하게 작용할 수 있다. 마지막으로, 어느 생물의 적응적 우위는 그가 가장 많은 후손을 남긴다는 사실로 평가되며, 조건이 변하지 않는다면 이 후손은 해당 생물의 성공을 결정했던 적응적 특색을 상당수 보유하게 된다.

열위/우위 개념 사용의 세 번째 차원은 인류학적 차원이며, 지금껏 다윈 이론의 엄밀하고 완전한 이해를 방해했던 그릇된 해석의 대다수가 여기에 속한다. 유리한 변이의 선별과 축적을 통한 진화 법칙에 순응하며 사는 전 자연 속에서, 우리는 우등한 존재가 우연한 기회에 어느 적응적 이익을 소유하게 됨을 보았다. 이러한 적응적 이익은 다양한 인과적 배열이 예측 불가능하게 교차해나가는

('우연'이라는) 상황에서 생겨났으며, 이 우등한 존재에게는 그의 자손 수로 판단 가능한 패권적인 입장을 제공했다. 그런데 이러한 추진력이 인간 사회의 진화 단계까지 이를 때에는 그 방식을 질문하기 이전에, 동물 공동체 내의 적응적 우위가 무엇인지부터 이해하는 편이 바람직하다. 그것이야말로 앞서 상세히 설명했던 마처럼 다윈이 『인간의 유래』의 첫 부분에서 사회적 하등동물에게서는 공동체에 유용한 것으로 선택된 개체적 변화가 각 개체에게는 그 어떤 괄목할 만한 이익도 제공하지 않는다고 밝히며 했던 일이다. 말하자면 공동체적 연합에 이익이 되도록 개체는 선택에서 '뒤로 밀려난' 것이다. 인간 외의 사회적 고등동물의 경우, 집단에 유용한 장점의 선택은 우선 개체에게 유리한 생물변이를 선별하고, 개체가 이를 개별적으로 이용하고 나서 집단에 간접적인 혜택을 가져다준다. 마지막으로, 인간 진화에 본질적으로 관련된 가장 '고차원적인' 능력을 획득하는 것은 거의 공동체적 이익에 따라서만 이루어지며, 이 공동체적 이익은 개인에게 영향을 미치는 간접적인 이익으로 전환된다. 이 같은 논리는 다윈의 진화인류학에 접근하는 방식 중 하나다. 여타 동물에 대한 인간의 정신적 우위가 직접적으로 집단적 이익과 분리될 수 없음을 밝히는 셈이며, 이러한 집단적 이익의 이차적 재분배를 통해서야 개인은 그 혜택을 보게 된다. 사회적 이익은 비인간 포유류에게는 간접적이며 반사적이지만, 원시사회 인간에게는 직접적이며 의식적이 된다. 그러므로 이는 공동 발전을 통해 사회성의 진보와 결합된 합리성의 진보를 전제로 한다. 다시 말

하자면, 인간에게서 공동체적 생활방식의 발전과 그에 관련된 감정을 장려하는 사회적 본능은 지성과 도덕의 발전 역시 장려하고, 그 대가로 이 사회적 본능을 공동체를 위해 사용하는 데 더 개선된 수단을 지성과 도덕에게서 받게 된다. 인간 종 내부에서 사회적 생활방식이 이룬 진화적 승리, 가장 덜 문명화된 것에 대한 가장 많이 문명화된 것의 승리, 그리고 자연 속에서의 인간 종의 우월성 등에서 원동력이 되는 것은 다음과 같다.

인간은 더욱 증대한 경험과 이성을 통해 자신의 행동과 가장 거리가 먼 결과, 그리고 절제나 정절처럼 자기 자신과 관련된 미덕을 인지한다. 우리가 앞서 살펴보았던 것처럼, 이러한 미덕은 옛날에는 그 가치를 전혀 인정받지 못했지만 이제는 굉장히 높이 평가받거나 심지어는 존엄한 것으로까지 여겨지기에 이른다. (…) 마지막으로, 우리의 도덕심 혹은 양심은 굉장히 복잡한 감정이 된다. 이는 사회적 본능에 그 기원을 두고 우리의 동류들이 허가하는 바에 따라 폭넓게 인도되며, 이성과 사리사욕 그리고 더 나이 든 후에는 내밀한 종교적 감정에 의해 조절되고, 교육과 습관에 의해 확고해진다.

잊어서는 안 되는 점이 있다. 높은 수준의 도덕성은 어느 부족의 다른 사람들에 비해 각 개인과 그 자손에게 미약하거나 전무하다시피 한 이익을 가져다줄 뿐이지만, 도덕성이 뛰어난 사람의 숫자가 올라가고 전체적인 도덕성 수준이 향상되는 것은 분명 다른 부족에 비해 어느 부족에게 어마어마한 이익을 준다는 점이다. 애국심과 충성심, 복종심, 용기, 공감 능력이 뛰어나 언제나 서로 돕고 공익을 위해 희생할 준비가 된 구성원을 다수 보유한 부족 은 대부분 다른 부족에게 승리를 거둘 것이다. 그리고 이것이 바로 자연선택인 셈이다. 세계 도처에서 부속들은 언제나 또 다른 부족을 밀어내 그 자리를 차지했다. 그리고 도덕성이 그들의 승 리에 중요한 요소인 만큼, 도처에서 도덕성의 수준은 올라가고 뛰어난 구성원의 숫자는 증가하는 경향을 보일 것이다.[39]

따라서, 결국 명백한 진화적 우위를 점하게 된 인간의 사회적 진 화가 도달한 마지막 단계는, 외관상으로는 첫 번째, 사회적 본능 의 단계와 동일한 진화적 특징을 계승한다. 이 마지막 단계는 개체 적 이익을 전혀 제공하지 않거나 아주 조금밖에 제공하지 않는 반 면, 보통은 다른 사회와의 경쟁이나 환경과의 대립 등 사회체 외부 로 옮겨진 투쟁에서 강력한 공동체적 이익을 보장한다. 하지만 이 러한 사회적 진화 과정 단계는 행동의 합리화와 도덕화, 칭찬과 비 난에 대한 가치 부여, 윤리적 소양과 교육 등에 관련된 형태로 개인 을 위한 간접적 이익을 포함한다. 동물적 사교성의 원시적 단계에 서 '뛰어난' 개인에게는 양심도, 도리도 없었다. 또한 그들은 개별적 으로는 느끼지도, 이해하지도 못한 채로 공동체적 선택 이익을 획

---

39 『인간의 유래』, 5장, pp. 220~221.

득했던 것이다. 문명화된 인간 사회의 '매우 뛰어난' 개인은 더 이상 개인의 생존과 우위를 장려하는 요인의 단계가 아니라, 사회 전체에 대한 사려 깊고 검증된 헌신도의 단계에 이른 실증적 단계의 기준처럼 표현된다. '문명화' 중에 있는 사회 내부의 개별적 투쟁은 이타주의의 우위가 득세하는 도덕적인 대항 의식이 되었으며, 여기서의 이타주의는 원시적 이기주의와 반대되는 한편 이러한 이기주의가 시대에 뒤떨어졌음을 부정하지도, 그것의 진화적 필요성을 부정하지도 않는다. 왜냐하면 먼 옛날 인간은 선택의 압박을 강하게 받았는데, 투쟁하여 살아남고 자신의 능력을 개발시키며 사회 구성체가 제공하는 이익과 그 구성체가 요하는 연대적 참여를 발견해야 했기 때문이다. 그러는 동시에 인간은 미덕과 합리성을 발달시킬 수 있었고 이를 통해 즉각적 이익 대신 간접적 이익을, 일시적인 충동 대신 '지속 가능한' 본능을 선택할 수 있었다. 이처럼 '문명'의 단계는 생물적 형태 그리고 힘과 생존 적성의 개별적 계층 구조 단계의 뒤를 잇는다. 그러나 과거의 투쟁에서 승리한 개체의 생성을 보장했던 것과 점차 거리를 둔다는 원칙을 따르며, 이러한 개체의 '우위'는 집단의 이익에 포함되면서 그 특색이 바뀐다. 그러므로 다윈은 '우위'와 '열위'라는 용어를 계속해서 인간 사회에 적용하되, 개인이나 사회에 '최적자'라는 형질을 부여하는 가치가 점차 전도되었던 단계에서의 이러한 위계적 이동을 고려하여 사용했던 것이다.

여기서 추론되는 사실은, 다윈이 인류의 '열등한 인종'이라고 말할 때 이 표현은 당시의 모든 인류학자가 보편적으로 사용하는 표현이었을 뿐 아니라,[40] 무엇보다도 다음의 두 가지를 의미한다는 것이다.

　- 이 인종은 '문명화된' 인종과의 대립에서 졌다는 것이다. 문명화된 인종이란 거의 대부분 지리적·기후적 요인으로 인해 자신의 이성적·사회적 능력을 발달시킬 기회가 있었던 인종을 말하며, 그럼으로써 이러한 기회를 지니지 못했던 인종들로부터 자신의 제국을 안전히 지킬 수 있었다. 그 어떤 경우에도 이는 고정적이며 절대적으로 여겨지는 생물학적 유형의 불평등이 아니다.
　- 이 인종은 동일한 요인으로 인해 이러한 이성적·도덕적 능력을 발달시키지 못해 패배했다. '공감'의 감정에서 기인한 이 도덕적 능력은 승리한 인종 사이에서 동류를 잔인하게 도태시키는 것을 금지하는 역할을 한다.

이 모든 것의 필연적인 귀결은, 이타적 가치의 우위가 미개인에 대한 문명인의 승리를 이끌어낸 실질적 요인이었으며, 그 결과 문명 고유의 진화적 경향은 문명인을 각 나라 안에서의 대립과 갈등으로부터 유리하게 빠져나오게 해주었던 감정들, 그리고 여전히 국경이라는 '인위적 장벽'에 부딪혀 있는 이 감정들을 인류 전체로 확

40　이는 위 표현의 맥락상 의미를 해석할 때 논리가 아니라 단어에만 의존하는 이들이 말하는 어리석은 비난으로부터 완전히 벗어나게 해준다. 파스칼 아코, 파트리크 토르(지휘), 『사회생물학의 재앙』, Paris, PUF, 1985.

장시키는 것이 틀림없다는 것이다. 보편적 평화는 문명의 진화적 승리가 가져온 공감의 무한 확장에 불가피한 지평인 셈이다. 또한 다윈은 문명과 도덕적 사고방식의 이름으로, 노예제도뿐 아니라 식민적 압제와 박해를 문명인에게 잔류된 미개성[41]이라고 칭할 만한 것이 발현된 형태라고 비난한다. 미개인은 약자를 제거하는 방식, 시대에 뒤떨어진 자연선택에 여전히 사로잡혀 있는 자를 말한다. 문명인은 약자를 보호하고 타자를 동류로, 열등한 이를 이웃으로 인정하는 자를 말한다. 마치 다윈이 지각 능력을 지닌 모든 존재를 동류로 인정하고 그들에게 최대한의 인도주의, 다른 말로는 공감을 보이길 권하는 것처럼 말이다. 따라서 어느 민족의 '열등성'은 승리한 민족에 의해 패배한 민족 내면에 그려진 진화적 경향, 즉 도덕적 보편주의가 진보하는 과정 중의 아주 작은 진척일 뿐이다. 영국 문화에 동화된 푸에고인의 예가 입증하듯이, 이러한 격차는 교육을 통해 순식간에 따라잡을 수 있을 것이다.

사람들은 푸에고인을 가장 열등한 미개인 중 하나로 친다. 하지만 나는 HMS 비글호에 탄 세 명의 푸에고인, 영국에 몇 년간 살

---

41 『인간의 유래』 5장에서 다윈은 '최소한의 정기적 활동에 구속되길 거부하며'(골턴에 따르면 이는 '문명에 커다란 장애물로' 작용한다) '자신들이 쓸모 있는 개척자로 드러나는' 새로운 식민지로 이주해가는 유랑자들의 일반적 심리 및 행동의 특징을 가리켜 '미개성의 잔존'이라고 표현한다.(p. 225) 환경이 변하면 단점이 장점이 될 수 있는 법이다. 다윈은 이 몇 줄을 적으면서, 북아메리카 땅에서 식민지를 건설하기 위해 승선한 영국 이민자 무리 중 상당수를 차지했던 의심스러운 과거를 지닌 사람들의 일부 특성을 염두에 두었던 것이 분명하다.

앐고 영어를 조금 할 줄 아는 이 사람들이 〔유전〕 형질이나 지적 능력 대부분에서 우리와 얼마나 유사한지를 발견하며 끝없이 놀라곤 했다.[42]

모든 유기체가 변이할 수 있고 모든 변이가 선택될 수 있는 것과 마찬가지로, 모든 고등동물은 사육될 수 있고 모든 인간은 교육될 수 있다. 즉 문명화가 가능하다는 이야기다. 열등한 이는 '문명인'이 그의 교육에 대한 지출을 감당함으로써 동류가 될 수 있는 존재이며, 문명인은 이를 통해 자신의 문명도를 입증하는 것이다. 바로 이것이, 성인이 된 이후 종교를 문명을 전파하기 위한 거짓말로밖에 보지 않았던 무신론자인 다윈이, 그럼에도 불구하고 정복자보다는 선교사를 언제나 더 존경했던 이유다.

42 『인간의 유래』, 3장, pp. 149~150.

제 2 장

진화의
가역적 효과

／ 　　　　『인간의 유래』의 결론인 21장에서 발췌
한 다윈의 단 한 문장이야말로, 진화생물학과 문화인류학 간의 관
계를 파악하는 데 필수적인 이 개념의 의미를 설명하기에 충분할
것이다. 나는 1980년의 어느 강의에서 이 개념을 처음으로 명명했
으며, 이를 1983년이 되어서야 어느 책에서 발표했다.[43]

　　생존투쟁은 매우 중요했으며 지금도 여전히 중요하지만, 인간 본
성의 가장 고차원적인 부분에 관해서는 더 중요한 다른 요인이
존재한다. 왜냐하면 도덕적 자질의 직간접적인 향상은 대부분 자

43　『계층 구조적 사고와 진화』, Paris, Aubier, 1983.

언선택보다는 습성과 이성적 사유의 능력, 교육, 종교 등의 영향에 힘입은 것이기 때문이다. 비록, 도덕심 발달의 토대를 제공했던 사회적 본능이 이 자연선택의 공로이기는 하지만 말이다.[44]

이 핵심적이고 단순한 문장, 그러나 무한히 발전시킬 수 있는 이 문장은 이후 거의 25년이나 지나서야, 다윈 텍스트의 전문가 대부분에 의해 다윈 이론의 필연적인 귀결로 받아들여졌다. 이는 분명 독특한 유형의 저항이 다윈 텍스트의 이해를 가로막았다는 사실을 시사한다. 인간의 동물성을 인간의 문명과 도덕으로 이끈 진화의 동력 기제에 대한 이 개념을 명확히 밝힐 기회가 이미 수백 번도 더

---

44 이 구절의 바로 앞 대목에서 다윈은 맬서스주의의 모든 사회적 적용에 대한 명확한 반론을 표명했다. "다른 모든 동물과 마찬가지로 인간은 그 급격한 증식에 따른 결과인 생존 투쟁 덕분에 현재의 높은 지위로 발전했음에 의심의 여지가 없다. 그리고 아직도 더 발전해나가야 하지만, 인간이 계속하여 혹독한 투쟁에 놓여 있지 않도록 염려해야 한다. 그렇지 않으면 그는 무기력에 빠져들 것이며, 가장 뛰어난 사람이라 해도 그렇지 않은 사람보다 삶의 투쟁에서 더 나은 결과를 얻어내지는 못할 것이다. 고로 우리의 자연적인 성장률은, 설령 인간이 다양하고 확실한 불행에 이른다 해도, 절대 크게 감소할 리 없다. 경쟁은 모든 사람에게 열려 있어야만 한다. 그리고 제일 성공하여 가장 많은 수의 후손을 낳을 수 있는 이를 법이나 관습으로 막아서는 안 된다." 그리고 또한 이러한 재균형적인 신념의 이름으로, 다윈은 영국의 법률적 전통에 따른 세습 재산의 장자 상속권 유지에 반대한다. 여기서 다윈이 최빈자에게 행사된 강제권을 거부하는 데에 주목해야 하는데, (가족 중 차자次子의 불이익을 거부했던 것처럼) 이 최빈자에 대해 다윈은 배제 없는 경쟁의 이름 아래 생식권을 옹호한다. 그러나 역시 잊지 않아야 할 점은, 비록 맬서스에 비해 다윈이 문명 사회 내의 자연선택 (이 경우 스펜서적인) 추구와 유사할 수 있는 자유롭고 일반화된 경쟁 원칙을 옹호하는 듯 보이지만, 그 이후 이러한 '추구'의 방식이 윤리적이고 연대적이었다는 것이다. 진화적 측면에서 시대에 뒤떨어지고 자리를 빼앗긴 도태 경쟁은 사회적 본능의 개화와 교육의 발전 덕분에 더 높은 도덕 수준의, 도태를 배제한 경쟁 심리로 탈바꿈했기 때문이다. 이것이 바로 이 주석과 관련된 대목, 그리고 『인간의 유래』의 결론에 가까운 대목이 설명하는 바이다.

있었으므로, 여기서는 이 개념의 교육적 설명을 가장 충실하고도 이해하기 쉽게 전개하는 데에 유의하며, 이러한 명시적 설명에 필요한 문장을 다시 훑어보겠다. 자연선택의 핵심적 개념에 관해 다윈이 끝없이 반복했던 것처럼, 여기서는 인간이 '문명인'의 조건에 도달하는 것을 결정하는 기제의 개념에 관해 반복 설명해야 한다. 내가 이처럼 반복하길 주저하지 않는 것은, 다윈의 이해 및 분석에 새로운 관점을 열어줄 다양한 기회가 그저 단순한 반복이 아닌, 이러한 의미 있는 반복 속에 도사리고 있음을 알기 때문이다.

여기서 나는 『다윈주의와 진화 사전』에서 제안했던 정의의 핵심으로부터 출발하겠다.

(진화인류학과 구별하여) 다윈주의 인류학의 핵심적 개념인 진화의 가역적 효과는 다윈의 사상 중 특정 부분을 상기시키는 요소다. 즉 엄밀한 선택 법칙의 통제를 받는, 편의상 자연의 영역이라 명명된 것이 이러한 선택 법칙의 자유로운 작용과 대립되는 행동이 일반화되고 제도화되는 문명화된 사회의 상태로 이행한다는 사실 말이다. 비록 다윈의 책 속에서는 이 개념에 아무런 이름도 붙어 있지 않지만, 이 개념은 1871년작 『인간의 유래』의 몇몇 주요 장에서 묘사되고 효과를 발휘한다. 이 작품은 다윈의 세 번째 대작이자 총론으로 여겨져야 하며, 『종의 기원』에서 발전시킨 선택 이론을 자연적이고 사회적인 인간의 진화적 역사의 영역에서 일관성 있게 추구해나간 저작이다. 이 개념은 그가 유전 이론

을 인간으로 확장시키려고 시도하고, 인류의 사회적이고 도덕적인 변화를 과거에 생물 영역에서 선택 법칙을 보편 적용한 것의 효과이자 독특한 발전 양상으로 생각하고자 노력했던 가운데 밝혀낸 역설에서 기인한다.

이러한 역설은 다음과 같이 표현될 수 있다. 생존투쟁에서 부적자의 도태를 전제로 하는 진화의 주도적 원칙인 자연선택은 인류에게 사회적 생활이라는 형태를 선택해주었는데, 이 사회적 생활은 문명화로 나아감에 따라 도덕과 관습의 작용으로 점점 더 도태적 태도를 배제하는 경향을 보인다. 단순히 말하자면, 자연선택은 자연선택과 대립되는 문명을 선택하는 셈이다. 이러한 명백한 난제를 어떻게 해결해야 할까?

우리는 그저 선택 이론 자체의 논리를 발전시켜나감으로써 이를 해결할 것이다. 다윈에게 근본적인 사항인 자연선택은 적응적 이익뿐 아니라 적응적 본능을 내세우는 생물변이를 선택했다. 이 적응적 본능 중 다윈이 사회적 본능이라 명명한 것이 특별히 채택되고 발전되었는데, 이는 인류 안에서 사회적 생활방식이 보편적인 승리를 거두고 '문명화된' 민족이 패권을 쥐는 경향을 보인다는 사실로 입증되었다. 그런데 합리성의 성장과 '공감' 감정의 영향력 증가, 이타주의의 다양한 도덕적·제도적 형태가 일구어낸 복합적인 결과인 '문명화'의 상태에서, 우리는 과거 선택 작용의 단순하고 순전한 추구에 비해 개인적·사회적 행동이 점점 더 두드러지는 반전에 주목하게 된다. 즉, 문명의 탄생과 함께 부적자의 도태 대신 원조와 갱생의 다양한 행보를 실행하는 구제의 의무가 나타난 것이다. 병자와 신체 장애인을 자연적으로 근절하는 대신, 신체적 결함을 줄이고 보완하는 것을 목표로 하는 기술과 지식(위생, 의학, 신체 기법 등)을 동원하여 이들을 보호하는 현상이 나타났다. 힘과 숫자, 생존 적성의 자연적 계층 구조에 따른 파괴적인 결과를 수용하는 대신, 사회적 도태에 반대하는 재균형주의적 개입주의가 나타났다.

자연선택은 사회적 본능을 통해 그 어떤 '비약'이나 단절도 없이 자연선택의 반대항을 선택했다. 즉 규범화된 모든 것, 더 나아가서는 반도태주의적(곧『종의 기원』에서 발전시킨 이론에서 선택이라는 용어가 띠는 의미상의 반선택적) 사회적 행동과, 동시에, 원칙과 행동규범, 법규로 나타나는 반선택주의적(=반도태주의적) 윤리를 말한다. 그러므로 도덕의 점진적인 출현은 진화와 떼어놓을 수 없는 현상처럼 보이며, 이것이야말로 인간 사회의 변화를 설명하는 데 있어 다윈의 유물론 그리고 불가피하게 확장된 자연선택 이론의 일관된 맥락인 셈이다. 그러나 너무 많은 이론가가 스펜서의 진화 철학이 다윈을 중심으로 짜놓은 가림막에 속은 채 이런 확장을 자유주의적 '사회적 다윈주의'(일반화된 생존경쟁에서 부적자의 도태 원칙을 인간 사회에 적용하는 것)의 지나치게 단순하고 거짓된 모형에 따라 서둘러 해석했는데, 이 같은 자연선택 이론의 확장은 가역적 효과라는 방식 아래서만 엄밀하게 실행될 수 있다. 이러한 가역적 효과는 선택 작용의 반전 자체를 '문명'에 도달하는 기반이자 조건으로 여기도록 했으며, 다윈의 모든 인류학적 논리와 반대되는 '자연과 사회 간의 단순한(반전 현상 없는) 연속성'을 오히려 옹호하는 진부한 사회생물학이 다윈주의를 온전히 표방하려는 시도를 완전히 근절하는 것이다.

이처럼 가역적 작용은 자연과 문화라는 두 용어 사이에 마술처럼 자리 잡은 '단절'의 함정을 피해나감으로써, 이 두 가지를 구분하는 데서 궁극적인 정확성의 기반이 된다. 이리하여 진화적 연속성은 사회적 본능의 발달(자체적으로 선택된)에 관련된 점진적인 가역적 작용을 통해, 효과적인 단절이 아니라 단절 효과를 만들어낸다. 이러한 단절 효과는 스스로 진화를 거치는 동안 자기 자신의 법칙에 구속되는 상황에 놓인 자연선택으로부터 유래했는데, '약자'의 보호를 장려하는 이 새로이 선별된 자연선택은 약자의 도태를 우선시했던 과거의 자연선택보다 더 유리하기 때문에 과거의 자연선택 형태를 물리치기에 이르렀다. 그렇기에 새로운 이익은 더 이상 생물학적 차원이 아니었으며 사회적 차원이 된 것이다.[45]

바로 그렇기 때문에, 다윈은 생물학과 자연의 전반을 잇는 연결고리를 절대 끊지 않으면서 인간만의 특이점을, 그럼으로써 인간과 사회에 관한 학문의 필요성을 보전하며 그러는 한편 주기적으

---

45   파트리크 토르, 『다윈주의와 진화 사전』 중 '진화의 가역적 효과' 항목, Paris, PUF, 1996, vol. I, pp. 1334~1335.

로 공격받는 오늘날의 정신적 퇴보에 비견될 만한 모든 정신적 퇴보를 제외한다. 그러나 일반적인 사회생물학적 환원주의와 신학 둘 중 어느 쪽도 지지하지 않으면서, 그는 오늘날 과학자와 신자(혹은 과학자로 가장한 신자)를 가르는(마치 이들이 언제는 죽이 맞기라도 했던 것처럼) 무익한 논의의 무한 반복을 피할 수 없게 되었다. 오늘날 몇몇 주해자 혹은 보급자에게는 다윈이 이러한 논의의 범위를 크게 넘어섰다는 사실을 이해하길 거부했다는 책임이 있다.

도덕의 출현

/

자연선택을 통해 인간이 생물계 전체에 대해 획득한 우위는 이론적 차원에서 필연적으로 다음과 같은 사실의 증거가 된다. 즉, 의식적이고 지적인 사회생활을 향한 진보, 그리고 이에 적합한 감정이 동반된 진보는 모든 형태의 생명과 군집이 계층 구조에 따라 배열된다는 사실에 관련된 진화적 경향이라는 것이다. 그의 수많은 독해자와는 정반대로, 다윈은 자연선택이 유리한 생물변이를 선택하는 것만으로 그치지 않는다는 사실을 단 한 순간도 잊은 적이 없다. 방금 전 살펴본 바와 마찬가지로, 자연선택은 개인적이고 집단적인 본능 또한 선택한다. 앞서 우리는 사회화되어 이성적·조직적·기술

적 능력을 폭넓게 발달시킨 인간이 문명으로 나아감에 따라 개인적
본능은 쇠퇴하는 경향을 보였다는 사실, 또한 이 문명은 개인이 고
립 상태에서 작용하는 자기 자신의 힘에만 의존하여 생존투쟁을 벌
이는 일을 점차 면하게 해주었다는 사실을 살펴보았다. 진화적 분
기라는 모형에 따라 지능은 본능으로부터 점차 해방되었고, 인간
사회가 형성해낸 새로운 환경에서, 과거의 것은 쇠퇴한다는 법칙에
따라 지능은 본능의 우위에 섰다. 애초에는 지능과 본능이라는 두
개의 분리된 근원만이 존재했는데, 다윈은 비버처럼 본능이 뛰어난
동물이 지능 역시 높을 수 있다는 점을 강조했다.[46] 사실, 이처럼 본
능과 지능을 구분하는 것은 진화를 고찰하는 인간의 진화된 사유와
언어다. 진화의 흐름 그 자체도 자신의 시작점을 알지 못하며, 그곳
에는 본능도 지능도 '순수한' 상태로 존재하지 않는다. 새는 집 짓
는 본능이 있지만, 이처럼 무의식적인 실행 과정에 뜻밖의 사태를
대비한 보완용 부속과 의도적인 각색[47]을 가져다주는 것은 본능의

---

46 『인간의 유래』, 3장, p. 151. "고등동물이 지닌 본능의 수가 적으며 비교적 단순하다는 사
실은 하등동물이 지닌 본능의 특징과 매우 대조된다. 퀴비에[프레데리크 퀴비에. 조르주 퀴
비에의 남동생]는 본능과 지능이 서로 반비례된다고 강조했다. 그리고 다른 이들은 고등동
물의 지적 능력이 그들의 본능으로부터 점차적으로 발달한다고 생각했다. 그러나 푸셰[조
르주 푸셰. 펠릭스 푸셰의 아들]는 어느 흥미로운 논문[「곤충의 본능」, Revue des Deux Mondes,
1870년 2월, p. 690]에서 그러한 유의 반비례 관계는 전혀 존재하지 않는다는 것을 보여주
었다. 가장 뛰어난 본능을 지닌 곤충들은 가장 지능이 높은 곤충들이 분명하다. 척추동물
종에서 가장 지능이 낮은 구성원, 즉 어류나 양서류 같은 생물에게는 복잡한 본능이 없
다. 그리고 포유동물 중 가장 뛰어난 본능을 지닌 비버 같은 동물은 지능이 매우 높으며
M. 모건의 뛰어난 연구자료[「아메리카 비버와 그의 공사작업」, 1868]를 읽어본 이라면 누구
나 이 사실을 인정한다."

47 생물변이론자들이 강조하기로는 우발성 앞에서의 이러한 즉흥적인 수정, 뜻밖의 사태에

성숙한 작용에 내재된 지능이다. 이러한 부속 및 각색은 상황의 분석·대처에 관한 이성적 사유 능력과 관련된 것으로 보인다. 따라서 중요한 것은, 비록 선택 작용을 통해 가장 단순한 본능에서부터 복잡한 본능이 발전하는 것처럼 보인다 하더라도, 대개 '자유지성 및 본능의 발달 간에 어느 정도의 간섭'[48]이 존재하며 이러한 간섭은 발달된 사회생활을 영위하는 동물에게서 더욱 현저하게 나타난다는 사실을 인정하는 것이다. 한편 엄밀한 의미의 학습은 야생동물이나 사육동물 할 것 없이 세대 간에 일반적으로 나타난다. 동물 단계에서 올라가 인간의 단계에 이르면, 주변인에게서 받은 보호와 교육으로 새로운 존재의 생존을 보장하는 식으로 일종의 원초적 취약성을 상쇄하기에 이른다. 이는 사회적 본능과 감정이 가장 명확하고 즉각적으로 발현된 예다. 인간 개인의 본능 및 감각 기능의 정확성은 감소하는 경향을 보이는 반면, 사회적 본능은 지적 능력 및 교육적 행동의 공동 발달에 의지하여, 사회적 본능이 지닌 이익의 대부분을 공동체에 전가할 정도로 증대한다. 이 부분에 관하여 유인원은 매우 확실한 증거라고 할 수 있다.

그러므로 개인적 본능의 퇴행과 사회적 본능의 발전은 원시의 인간이 문명화된 인간으로 진화하는 과정의 특징을 도식적으로 보여

대한 이러한 지능적 대처야말로 본능을 '이미 조립된 장치'나 정해진 과정에 한정시키는, 예컨대 장 앙리 파브르처럼 생물 불변론적이며 섭리주의적인 태도와 반대되는 것이다. 생물변이론적 논리는 본능의 내부에서 지능의 발진에 신별적인 개방을 허용하는 독창적인 혼성성을 전제로 한다.

48　「인간의 유래」, 3장, p. 152.

준다. 이는 인간에게서 자연선택이 사회적 본능에 유리하게 작용했으며 이 사회적 본능은 정서적 감정, 이타적·연대적 행동, 이성적 능력의 발달에 유리하게 작용했다는 것을 의미한다. 그리고 이러한 요소들은 개인의 사리사욕과 성향, 이익이 주도권을 잃어버린 가운데, 최적자의 개인적인 승리를 제거하는 협력 상태를 가능케 했다. 이러한 진화를 증명하는 것이 약자의 보호라는 대대적 현상이다. 약자란 곧 개인적 혹은 집단적으로 볼 때 예정된 상황에 가장 낮은 적성을 지닌 이를 말하는데, 이들을 보호하는 것은 자연선택이 원시적으로 작용한 날것 그대로의 결과, 즉 약자의 도태와 정반대되는 것이다.

따라서 미개에서 문명으로의 이행은 다음과 같이 요약될 수 있다. 생물계의 진화 전반과 마찬가지로, 자연선택에 지배되는 인간 진화의 전 과정 속에서, 이러한 선택의 결과이자 그런 이유로 생물학적 차원에서 각 생존자의 적응 능력 향상을 전제하는 결과인 부적자의 도태는 부적자의 보호로 점차 대체된다. 이는 하나의 가설이 아니라 '문명화된' 국가 고유의 전반적인 현상으로서 엄연히 관찰된 사실이다. '원시인'의 경우 자연선택이 여전히 부적자의 도태를 무분별하게 실행하며, 혹은 '미개인'의 국가에서 스파르타의 기형아 안락사 같은 인위선택이 그러한 작용을 의도적으로 연장시켰다면, 문명은 약한 존재의 보존과 갱생을 요한다.

원시인의 경우, 신체적 혹은 정신적 약자 대부분은 곧 도태된다.

그리고 살아남는 이는 대부분 왕성한 건강 상태를 보인다. 반면, 문명화된 인간인 우리는 도태 과정을 억제하고자 최선을 다한다. 우리는 백치, 불구자, 병자를 위한 보호시설을 건설하고, 빈자 관련법을 제정하며, 의사들은 모두의 삶을 마지막 순간까지 보존하고자 솜씨를 최대한 발휘한다. 그러니 너무 당연하게도, 예전 같았으면 약한 체질로 인해 천연두로 목숨을 잃었을 수천 명의 개인은 예방접종 덕분에 목숨을 보존한 셈이라고 믿게 된다. 그리하여 문명화된 사회의 약한 구성원이 자신의 후손을 퍼뜨리게 된다. 사육동물의 번식에 종사하는 이라면 이것이 인간이라는 종 전체에 굉장히 해로울 수 있다는 사실을 믿어 의심치 않을 것이다. 처치 부족, 혹은 잘못된 처치가 한 사육 종의 퇴화를 얼마나 금방 앞당길 수 있는지를 보면 놀랍기 그지없다. 그러나 인간 본인의 경우만 제외하면, 그 누구도 자기 동물 중 제일 형편없는 개체가 번식하도록 놔둘 정도로 무지하지는 않을 것이다.

우리는 무력한 이에게 도움을 제공해야 한다는 충동을 느끼게 되는데, 이러한 도움은 결국 공감이라는 본능에 내재된 결과다. 공감은 본디 사회적 본능의 일부로 획득되었지만, 이후 앞서 언급했던 방식으로, 더욱 정교해지고 폭넓게 확대되었다. 우리는 우리 본성의 가장 고결한 부분에 심각한 손상을 겪는 경우가 아니라면, 엄준한 이성의 압력 아래에서조차 공감 능력을 억누를 수 없다. 수술을 집도하는 외과의가 마음을 굳게 먹을 수 있는 것은 자신이 환자를 위해 행동하고 있다는 사실을 알고 있기 때문이다. 그러나 만일 우리가 약하고 무력한 이를 의도적으로 무시한다면, 그 목적은 우리를 압도하는 현재의 악덕에 연결된 불확정한 이익일 것이다. 그러므로 우리는 약자의 생존과 그들의 번식이 가져오는 확실한 악영향을 감수해야만 한다.[49]

어느 텍스트의 독해와 인용 및 해석에 가해지는 이념적 압력이 본래 논리와 정반대되는 사실을 의미하게 만들 정도로 의미를 얼마나 자주 곡해하는지를 헤아려보면 그저 놀라울 따름이다. 특히 이 단락은 다윈이 사회집단의 우생학적 안녕이라는 미명하에 생물학적·생식적으로 약한 존재들이 목숨을 유지하는 일을 안타까워했다는 것처럼 읽혔다. 대부분의 인용 사례에서 마지막 문단이 자주 빠지는 것, 혹은 마지막 문장만을 인용하는 것은 이처럼 다윈의 텍스트를 사육동물 재배자의 경계심과 다를 바 없는 우생론에 순전하게 또 단순히 찬동시키는 경향 중 가장 심각하고 흔한 증상이다. 인종주의에 관해 설명했던 것처럼, 담론으로서의 우생론은 그 피해자에게 영속적인 생물학적 열등성을 선언하고 번식적 예외를 명령할 때에만 문자 그대로 우생론이라 명명된다. 예컨대 다윈주의 이론이 요구하거나 허용하는 주장에 따르면 다른 민족에 대한 특정 민족의 열등성은 역사적 현상이며 특정 환경과 시점에 관해서만 유효한 현상인데, 이는 '인종'을 고정된 본질처럼 표현하는[50] 그 어떤 영속화

---

49   같은 책, 5장, p. 222.

50   같은 책, 7장, p. 265 참조. "어느 인종의 독특하고 항구적인 형질을 알아볼 수 있다는 것

도 본질적으로 포함하고 있지 않다. 그리고 이는 다윈이 마지막 남은 기력까지 다해 언제나 맞서 싸워왔던, 확고한 압제적 태도, 도태 혹은 배제를 권하는 인종주의와는 아무런 상관이 없다. 또한 여기서 신체적 열등성의 유전이 지닌 부정적 효과를 시인하는 유일한 대목은 생물 의학적인 확실성을 지닌 문장으로서는 유효하지만, 우생론적 의견으로서는 유효할 수 없다. 왜냐하면 이는 마지막 문장에서 전적으로 거부되며 이러한 거부는 문명을 약자의 보호와 공감의 무한 확장으로 설명하는 다윈주의의 일반 전개와 일관되기 때문이다. 선택 과정이 스스로 만들어낸 결과가 이 선택 과정 자체를 시대에 뒤떨어졌다고 여겼기 때문에, 과거의 선택에서 중시되었던 생물학적이며 개인적인 이익 대신 사회적이며 도덕적인 이익이 선택되어 생물학적 결핍을 과잉 보상한 셈이다.

이제 관건은 '문명화된 국가에 대한 자연선택의 작용'이라는 문제가 『인간의 유래』라는 책에 도입된 배경을 상기시키는 것이다. 인용된 단락 이후에서는 곧바로 이 주제에 관한 윌리엄 래스본 그레그(1809~1881), 앨프리드 러셀 월리스, 프랜시스 골턴의 논의를 상기시켰다. 그레그의 논의는 한편으로는 스펜서적 '사회적 다윈주의'에, 다른 한편으로는 골턴의 우생론에 찬동하면서도 경우에 따라서는 헤켈까지 양가적으로 이용하며, 맬서스주의에서 영감을 얻은 자유주의적 이념의 혼성적 전형이다. 이처럼 이론적으로 서로 다른

은 의심스러운 일이다.”

두 논리를 모두 수렴하는 경우는 별로 드물지 않았는데, 대다수 부적자의 필연적인 도태라는 관심사가 많은 이의 마음을 공통적으로 강력히 끌었기 때문이다. 『인간의 유래』에서 다윈은 경제학자이자 자유주의 정치학자인 그레그를 『프레이저스 매거진』에 실린 1868년 9월 호 기사 한 편만을 가지고 인용했다. 「인간의 경우 '자연선택'의 실패에 관하여」라는 제목의 이 기사는 논의의 출발점이 되었다. 당시 골턴의 주장이 처음 전파되어 한껏 상승세를 기록했던 우생학적 위생론은 이 시대에 자연스레 스며들었고, 골턴이 선택 이론을 참조한 것은 논의의 어조를 비롯하여 다윈주의와 우생학 사이에 오래도록 지속된 혼란에 커다란 영향을 미쳤다. 평소와 마찬가지로 다윈은 서로 대치된 논거들을 충실히 옮기며 딱히 의견을 표명하지 않았을 것이다. 그래서 아마도 본인의 개인적인 입장으로 비춰질 만한 것의 방향을 결정하는 책임을, 경솔하게도, 조각조각 나뉜 인용문들의 몫으로 남겼을 터였다. 이처럼 다윈 텍스트를 조각내는 것은 영국의 수많은 자유주의 혹은 사회생물학주의 독해자에게 하나의 직무가 되었고, 그에 필적할 만큼 수많은 외국어 독해자가 (프랑스 사회학자 가브리엘 타르드가 주창한 모방의 법칙에 근거하여) 그 뒤를 따랐다. 그렇지만 비록 이념적 압력에 따른 것이었다고 하더라도, 사실상 몇 가지 단순한 규칙만 준수했다면 다윈의 인류학적 견해가 왜곡되거나 변질되는 일을 막을 수 있었을 것이다.

첫 번째 규칙은 인용이 곧 동조를 의미한다고 보아서는 절대 안 된다는 것이다. 인용이 곧 동조를 의미한다면, 다윈이 퀴비에나 카트르파주를 인용했다고 다윈을 곧 창조론자이며 생물변이론 반대자, 격변설 주창자 혹은 특별한 창조물인 '인간계'[인간은 현재 동물계에 속해 있지만 당시에는 종교적인 이유로 따로 분리되어 있었다]의 신봉자로 보아야 한다는 말이다. 가장 경험이 없는 독해자라 해도, 다윈은 논란의 여지가 있는 문제의 경우 그것을 설정하고 취급할 때 복합적이고 상반되는 관점을 가져다줄 만한 모든 주요 참고문을 인용하는 습관이 있다는 사실을 금방 깨달을 것이다. 반대파의 의견부터 시작하여 참고 가능한 모든 의견을 인용하는 것은, 다윈에게 예외적인 일이 아니라 하나의 습관, 더 나아가서는 일종의 방법론이나 마찬가지였다. 다윈에게 설명을 목적으로 하는 인용은 절대 동의를 의미하지 않았다. 그러므로 독해한다고 주장하려면, 덧붙여지거나 주해되거나 인용된 담론을 끝까지 읽어내고, 이를 통해 저자가 그에 부여한 타당성의 정도를 이해하며, 저자가 해당 글을 저술하려고 단호히 마음먹었을 때 그 개인적인 결론이 무엇일지를 파악하려 해야 하는 것이다.

두 번째 규칙은 어느 학자가 생산한 텍스트의 총합 가운데 모든 발화가 다 같은 지위를 지니지는 않는다는 사실을 마음 깊이 새기는 것이다. 인쇄 저작물의 경우 저자는 그것의 결론을 공공연히 책임지는 셈이며, 이 결론은 그의 논리와 필연적으로 일관된다고 추정된다. 이처럼 공개적으로 이론에 할애된 인쇄 저작물 전반과, 이론과 관련하여 수첩에 휘갈긴 낙서나 지인에게 쓴 편지, 가족에게 털어놓은 속내의 지위가 동일할 수는 없다.

마지막 세 번째 규칙은 이론과 현상, 혹은 서론과 결론 간에 반드시 만들어져야 하는 일관성 관계를 늘 고려하며, 비일관성이라는 가설을 절대 선험적으로 사용하지 않는 것이다. 예컨대 선택 이론의 논리적 강압이 지닌 강력한 힘 때문에, 사람들은 외견상 선택 이론에 반대되는 대상에 이를 적용할 때조차 이 선택 이론을 완전히 받아들이는 편을 택할 것이다. 사실상 선택 이론은 다음과 같은 사실을 표명한다.

1. 종은 고정불변의 것이 아니지만, 주어진 환경 속에서 선택되고 유전된 유리한 변이를 통해 진화한다.
2. 현재의 종은 공통 조상과 계보학적으로 연결되어 있으며, 오늘날 모든 생물체는 복잡하며 세분화되고 변이가 끝없이 이어져온 어느 혈통이 현재의 귀결에 이른 형태다.
3. 이러한 변화를 실행하는 자연선택은 필연적으로 도태적인 과정이다.
4. 선택적 도태는 주어진 환경에서 살아남는 데에 가장 부적합한 개체에게 불가피하게 작용한다.
5. 마지막으로, 자연선택의 결과이자 불완전한 귀결인 문명은 그럼에도 부적자의 도태에 반대되는 것으로 정의되고 그렇게 관찰된다.

다윈에게서 관찰된 현상이라는 지위를 지닌(위 내용을 참조) 이 마지막 항목은 바로 위의 항목(4번)과 너무 완전히 반대되는 것처럼 보인다. 그러니, 그런 사람이 한둘이 아니겠지만 성급한 주해자라면 저자의 개인적인 윤리적 소양이 돌연 튀어나왔거나, 어느 이념에 영향을 받았으되 이론화되지는 않은 도덕법칙을 따름으로써 일관성을 잃었다고 결론내릴 것이다.[51] 반면 일관성을 단언하게 되면 4번과 5번 항목 사이에 어떠한 발생 과정이 재구성될 필요가 있다는 점을 인정하는 것으로 이어지는데, 그 과정 속에서 생물진화의 주도적 기제(도태적 자연선택)와 정서적 연대감의 반도태적 경향이 논리적으로 연결되어야 한다. 이러한 정서적 연대감은 고등동물에게서, 이후에는 구인류에게서 사회적 생활방식이 심화되고 점차 문명에 가까워짐에 따라 매우 서서히 나타난다.

다윈의 '계보학적' 연속주의의 관점에서, 이러한 작용은 그 어떤 경우에도 단절의 방식으로는 절대 생각될 수 없다. 그러나 연결된 것의 양극단(도태, 보호)을 비교하는 데서 단절 효과가 생겨난다. 이는 어느 곤충 날개의 색깔이 계속 변하는 현상 중 가장 상이한 두 상태를 중간 단계를 고려하지 않고 바라볼 때와 똑같다. 이와 관해 에티엔 라보는 비단벌레 속屬에 속하는 일련의 초시류鞘翅類를 앞날개의 색 차이에 따라 열거하는 전형적인 예를 보여주었다. "이것들

---

51 그것이 바로 1982년, 이베트 콩리, 도미니크 르쿠르 등 샹티 학회의 추진자가 다윈에게는 『종의 기원』으로 구현된 과학과 『인간의 유래』로 구현된 이념 간의 '단절'이 존재한다는 결론을 내리게 된 이유나. 사실상 이러한 미봉책 덕분에 수많은 성찰과 분석을 절약할 수 있었으니 말이다. 이를 살펴보려면 이베트 콩리(편저), 『다윈에서 다윈주의까지: 과학과 이념』, Paris, Vrin, 1983을 참조하라.

을 나란히 놓고 살펴보다 보면, 갈색 줄무늬의 파란 앞날개를 지닌 개체에서 커다란 파란 점박이의 갈색 앞날개를 지닌 개체로 어느새 옮겨간다. 만일 '편차'라는 것이 존재한다면 그것은 점진적으로 강화되며, 언제 더 이상 해당 종의 표본에 속하지 않는지 밝혀낼 수 없다. 반면, 중간 단계를 따로 떼어놓고 단지 두 양극단만을 고려한다면, 차이가 큰 나머지 박물학자들은 그 두 가지를 서슴없이 서로 다른 이름으로 지칭할 것이다."[52] 비록 단순화되고 '선형적'이기는 하지만, 이러한 은유는 다윈이 끝없이 논의했던 질문 하나를 떠올리게 하는 데는 충분하다. 이는 바로 편의상의 이유이자 교리상의 이유로 분류가 구분되는 형태들을 나누는, 그 자체로는 느껴지지는 않는 '경계'의 문제다. 다윈은 가시적인 단절이란 사실 계보학적 중간 단계가 사라지거나 은폐된 결과에 불과하다고 본다. 생물 불변론적 학설에서 분류가 동시에 발생했다고 주장하는 것은 그것이 눈에 보이는 것에만 집착한다는 점에서 맹목적이기 짝이 없다. 이러한 동시성은 자연적 과정의 현실을 계통발생학적으로 복원할 때 단순히 현재의 결핍으로 여겨야 하는 것을 본질적인 구분이자 단절로

---

52 에티엔 라보, 『기형 발생』, Paris, O. Doin et Fils, 1914, p. 8. 여기서 저자는 분류학자들이 종과 변종 간에 인정한 경계의 취약성을 확실히 하려는 고의적인 의도를 가지고, 같은 속屬 내에서의 연속적인 변화라는 한 가지 기준에 의거하여 현상을 묘사하고 해석했다. 이는 에티엔 라보 이전에는 뷔퐁이, 훨씬 폭넓은 차원으로는 다윈이 했던 것과 마찬가지이며 일관성 있는 생물변이론자라면 누구나 당연히 취해야 하는 방식이다. 분류상의 구분을 상대화하는 것은 모든 형태의 생명체가 계통발생학적 역사로 연결되어 있다는 사실의 인정을 필연적으로 내포한다. 변종을 새로 시작된 종으로 바라보는 경향의 다윈주의식 제안은 생물 불변론적인 창조론에, 결국은 분류군taxon과 분류단위category 사이에 인정되는 경계에 집착하는 본질주의 모두에 반대하는 셈이다.

기록한다. 이는 모든 연속적 과정에 대해서도 마찬가지이며, 내가 진화의 가역적 효과라고 명명했던 것에 대해서도 당연히 마찬가지다.

진화의 가역적 효과라는 개념을 이해하려면, 그리고 인간 종의 진화적 변화에 관한 다윈주의적 표현의 기반을 이해하려면 먼저 '변이를 동반한 유전 이론'에 필수불가결한 연속주의적 인식과 한순간도 멀어져서는 안 된다. 즉 일반적으로 '계보학적' 이론으로서의 생물변이론에 필수불가결한 것 말이다. 생물변이론은 '연속주의적'인데, 계보학적으로 보자면 어느 생물체를 그것의 고대적 형태, 더 나아가서는 생물의 기원과 연결하는 필연적으로 연속되는 사슬에서 최소한의 단절 혹은 중단을 용인할 수 없기 때문이다. 그러한 관점에서, 이처럼 분명한 사실을 더더욱 확실히 해보면 모든 진정한 '불연속주의'는 필연적으로 비과학적 접근의 증거가 되는 셈이다. 생물에 관한 신학적·창조주의적 관점은 불연속적인데, 이러한 관점은 무생물과 생물 사이의, 생물의 여러 형태 사이의, 영靈과 육肉 사이의, 물질과 정신 사이의, 본능과 지능 사이의, 창조주와 피조물 사이의 근본적인 분리를 강요하기 때문이다. 이러한 급진적인 불연속주의는 기적적이며 독립적인 행위로 인해 물리적 세계의 요소 및 생물 종으로부터 분리된 창조 교리의 논리다. 이는 생물체의 여러 단계 및 형태 간의 생성 과정이나 인과적 결정이라는 개념을 배제한다. 그렇기 때문에 예컨대 교황 요한 바오로 2세의 경우처럼, 심지어 생물변이론의 명증성에 동의하는 듯하더라도 인간의 단계에서는 도덕적 의식을 가능케 하는 정신적 본원의 출현(강림降臨)과 신체적 진화 사이의 이원론적 단절을 필연적으로 유지한다.

반대로, 신앙과 교리의 영역 바깥으로 넘어가면, 유물론에 근거한 모든 연속주의는 특히 헤켈이 설명하는 의미로 볼 때 필연적으로 일원론적이다. 영국에서 스펜서 이론의 특징이 되었던 일원론적 관점을 과격하게 밀고 나갔던 헤켈은 물리화학에서 탐구한 물질계, 생물학에서 세포 단계에서부터 가장 복잡한 생물체에 이르기까지 탐구한 생물계, 심리적·인지적·사회적 활동에 관련된 세계 간의 그 어떠한 단절도 설정하지 않았다. 그러한 관점에서 세계에 대한 그의 묘사는 일종의 일원론적인 유물론적 범심론으로 표현되었다. 이것은 의식 현상의 선례가 물질의 기초적 구성 요소 내부에 존재하는 것처럼, 그리고 의식 현상 자체가 진화에 종속된 것처럼 해석하는 것이며, 오늘날 진화의 정점은 바로 집중화된 인간의 의식인 셈이다. 마찬가지로, 모든 생물학적 변이론은 종간種間 변화에 관하여 어떠한 독특한 이론을 지녔든 간에, 정의상 유전 이론으로 남아 있는 만큼 필연적으로 연속주의적이다. 이러한 수준에서는, 또 다른 종에서 나온 변종에 의해 변이가 후대로 전달되어 각 생물 종이 발생하는 것을 핵심 주장으로 하는 담론의 연속주의적 성격이 점진 진화설과 돌연변이설 사이의 부차적인 논쟁으로 인해 손상되지 않는다.

자연 상태 속 여러 단계 간에 어떠한 단절도 인정하지 않는 식의 모든 생물학적 해석을 '연속주의적'이라고 부르는 것을 받아들인다 치자. 하지만 이 단계들이 서로 구별되지 않아야 한다는 것은 아니다. 그렇다면 모든 현대과학은, 현실의 단계가 열등한 단계의 특징적인 과정을 통해 형성된 것으로 설명하면서 성립되었던 만큼, 이러한 단계의 점진적인 분화를 전제로 하는 생물의 연속주의적이고 일원론적인 해석으로 반드시 이어지게 된다.

이러한 사항들이 명확히 밝혀졌다고 할 때, 일원론적 연속주의 사상의 세계에서 선택적 진화와 반선택적인 문명 사이의 명백한 이율배반이 제기하는 논리적 문제를 다윈이 해결할 방법은, 각 생물 종의 번식 능력(기하급수적 성장이라는 맬서스적 모형)과 자연적 영토에서의 균형적이며 여러 종에 관련된 증식(관찰된 사실) 사이의 모순을 해결했던 방식을 떠올리게 할 것이다. 즉 과거에는 도태였지만 현재에는 도태의 제거가 된 필연적인 기제를 추론해내는 것이다. 다시 말하자면, 자연선택에 지배되는 진화를 시행하는 만큼 애초에 생성될 때부터 근본적인 도태 장치를 포함했으며 그러지 않았다면 그 어떤 '진보'도 실현시키지 못했을 문명은, 동물에 대한 인간의 지배, 이후에는 '미개인'에 대한 '문명인'의 지배가 성공을 거둠에 따라 의식적으로 이러한 도태 기제와 점점 더 반대된다고 정의되었다. 그리하여 다윈 이론에서 문명화 과정은 도태의 제거라는 의도적인 전개와 합쳐졌다. 이는 필연적으로 자연선택이 자신의 반대항을 선택했다는 사실을 의미한다. 혹은 더 구체적으로 살펴보면, 자연선택의 과거 작용 방식의 반대항을 선택했다는 사실을 의미한다. 그러므로 여기서 관찰된 반전 현상은 계통발생학적 관점에 내재한 연속주의에 반드시 순응해야 하며, 연속주의적 기틀에 입각하여 시행되어야 한다.

입장 차이를 줄일 수도 없고 태초를 절대적 관점으로 바라보는 관념론이 불가피하고도 끈질기게 지속되는 상황에서, 내가 진화의 가역적 효과라고 명명한 이 기제 중 경험상 가장 이해하기 어렵고 오래 설렸던 것은 이러한 점진적인 방향 전환, 뒷면으로의 연속적 이행이었다. 나는 이 연속적 이행을 위상학적으로 나타낸 일종의 은유를 통해 그 효과를 시각적으로 확인할 수 있었다.

뫼비우스의 띠 교육법

/

앞서도 언급했지만 모든 효과적인 교육법은 반드시 반복되는 내용 중 일부를 언제나 재논의하길 요한다는 원칙을 구실삼아, 1991년의 기나긴 발표문[53]의 서두로 되돌아가 여기서 다루고자 하는 효과를 설명하고자 한다. 오늘날 개선의 여지가 있어 보이는 표현은 수정 을 해놓았다.

어쩌면 종의 진화적 변성에 대한 다윈주의의 위대한 직관과, 기

---

53 파트리크 토르, 「진화의 가역적 효과: 다윈주의 인류학의 근거」, 파트리크 토르(지휘), 『다 원주의와 사회』, Paris, PUF, 1992[1991년도 국제학회], pp. 14~15.

하학에서의 일반위상학 및 미분위상학의 출현 사이에는 상대적인 시간상의 일치 외에도 또 다른 연관성이 있을지 모른다. 하지만 이러한 두 과학적 구조 사이에서 또 다른 우연의 일치를 발견하려면 어느 정도의 추상화 단계에 도달하기만 해도 충분한데, 이러한 또 다른 일치란 다름 아닌 대상의 일치다. 다원주의란 위상학과 마찬가지로 연속적 변화의 이론이기 때문이다.

여기서 미분위상학적 도식을 차용한 것은 내가 단지 수학적 유비를 좋아하기 때문은 전혀 아니다. 수학자 스스로도 흔히 '당황스럽다'고 표현하는 이 도식은 다윈 이론에서 도태적 선택에 기반을 둔 진화생물학과 인류학 사이의 연속적 변화를 모형화하는 데 사용된다. 특히 사회적·도덕적 삶의 영역에서 인류학적인 관찰 자료를 살펴보면, 과거 적용되었던 도태의 효과는 계속하여 유지되지만 선택 이론의 핵심을 이루는 도태 원칙과는 완전히 어긋나는 모습을 보인다. 이것이야말로 자연이 도태시키고 문명이 보전하는 경우이며, 그럼에도 문명이란 무엇보다도 선택에 통제되는 과거 오랜 과정에 따른 진화적 산물임을, 그 어떤 변별적 특징으로도 본래의 기원으로부터 분리시킬 수 없는 산물임을 잊어서는 안 된다. 문명과 너무나 거리가 멀고 상반된 본성이야말로 문명의 기원이며, 이러한 본성의 결실이 곧 문명임을 명심해야 한다.

내가 1980년에 진화의 가역적 효과라고 명명했던 이론은 다윈 인류학의 되찾은 키워드라고 할 수 있다. 그에 관한 완성된 이론적 소개를 하기에 앞서 나는 이 도식의 분석을 끝내길 바랐는데,

이 도식이야말로 내가 여기서 필요로 하는 도식이자 기이하고 '당황스러운' 속성을 지닌 뫼비우스의 고리다.

뫼비우스의 고리를 만들려면 폭은 좁고 길이는 긴 직사각형 종이를 가지고 한쪽을 180도 꼰 뒤 종이 끈의 양끝을 나란히 풀로 붙이면 된다. 이처럼 단순한 작업을 통해 면이 누 개였던 기다란 종이는 면이 하나뿐이고 심지어 테두리도 하나뿐인 고리로 탈바꿈하게 된다.

이 뫼비우스의 고리를 만드는 실험이 수학교사들에게 상대적으로 인기가 많은 것은, 대부분 이처럼 순전히 '당황스러운' 특성 때문이며, 이렇게 띠를 만든 후 가로 폭의 정중앙이나 3분의 1에 해당하는 곳을 따라 잘라주면 마치 마술을 능숙하게 선보인 듯한 느낌을 주기 때문이다. 그러나 기실 이처럼 화려한 외관은 지금껏 거의 표현될 수 없는 것으로 남아 있었던 현상이 생생한 현실로 나타난 가운데, 전통적 기하학의 한정적인 확신 아래 형성된 의식이 경험했던 소동을 드러내 보이는 데 불과하다. 즉 원래 형상에서는 분명 별개의 것이자 반대편이었던 '다른' 면, 즉 뒷면으로의 단절 없는 반전, 연속적이고 점진적인 이행의 현상이 특정한 대상에서 명백하게 실현된 것이었다.

이는 대수롭지 않은 일이 아니며, 사실상 다른 쪽으로 이동했던 것이다. 말단end과 면face의 대립적인 이원성이 사라지는 데에도 이 현상은 동일하게 일어났다. 그러나 과거 상태에 대한 기억이 남아 있다면, 완전히 다른 면으로 이동했다는 사실에는 변함이 없다. 만일 처음에 종이 끈의 한쪽 면을 색칠해두었다면 가시적인 형태로 계속 모습을 드러낼 수 있다. 이 경우, 이전에 서로 반대됐던 두 면을 뫼비우스의 고리가 완성된 후에도 계속 시각적으로 구분할 수 있는 것이다. 하지만 이러한 과정은 곧 고리 모양이 될 종이 끈의 상이하고 개별적인 두 면과 두 말단으로 고리를 만들고 그것이 만들어지는 과정을 재구성함으로써 해당 표면적의 위상학적 특성을 이해시키고자 할 때 교육적 차원에서만 흥미로울 뿐이다. 하나의 전前과 하나의 후後가 있는 셈이며, 전의 흔적이 후에서 두드러지며 표면의 연속성을 시각상 깨뜨리는 경계로서(두 가지 색으로 표시된) 드러난다. 그러나 이처럼 종이 끈을 꼬기 전에 미리 색칠해놓는 방식은 우리 주제에 맞지 않는다. 오히려 우리의 주제는 고리를 이루는 단일한 경로를 따라가는 연속적 과정이다.

뫼비우스의 고리는 가역적 작용을 이해시키는 데 유용하다. 두 면을 지닌 끈을 절반만 꼬아서 붙여 만든 이 뫼비우스의 띠는 하나의 면과 하나의 말단만을 지니게 된다. 처음에 서로 상반되었던 이 두 면을 각각 '자연'과 '문명'이라 이름 짓는다면, 여기서는 비약도 단절도 없이(계보학에서는 이런 것이 있을 수 없다) 자연에서 문명으로 이동하게 됨을 발견한다. 다윈주의 인류학의 연속주의는 단순하지는 않지만 가역적이다. 자연에서 문화로의 이동은 단절을 낳지는 않으나 단절 효과를 만들어내는데, 어쨌든 서서히 '다른 쪽'으로 이동했기 때문이다.

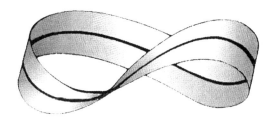

사실 여기서 이해하고 이해시켜야 하는 것은 단순한 손짓 한 번이면 되는 고리 만들기 방법이 아니라, 이처럼 완성된 모습에 이고리가 어떻게 대응하느냐다. 이는 '반대 면에서도 고리는 연속한다'는 단순한 문장으로 요약할 수 있다. 두 면을 지닌 띠가 한 면만 지닌 고리로 탈바꿈하는 모습은, 시공간상의 분리 및 대립에 기반을 둔 자연에 대한 생물 불변론적이며 본질주의적인 사고가, 상이하거나 대립적인 현실로부터 어느 현실의 비약 없는 점진적인 형성이라는 해석으로 바뀌는 것을 상징한다.

그러니 처음 종이 끈의 A면을 '자연', B면을 '문명'이라고 이름 짓는다면, 모든 계보학적 이론의 일관된 조건인 일원론적 연속주의를 준수하면서 어떻게 한 면에서 다른 한 면으로 서서히 이동할 수 있는지를 쉽게 이해할 수 있다. 이론이 재현된 모습에 도약이나 중단, 공백이 없다는 사실은 A면에서 B면으로의 변화에 뫼비우스의 고리 도식을 강요한다. 이처럼 도태적 선택에 지배되는 '자연'이라는 면을 이타적이며 연대적인 행동에 지배되는 그 반대 면으로 이끄는 것은 단절이 아닌 가역적 연속성이며, 이는 연속을 위한 유일한 수단으로서 한 번 꼬기를 강요함으로써 이루어진다. 이는 서로 다른 색을 칠해놓은 두 면이라는 구분 장치와 멀어지되 그 사실을 염두에 둔 채, 고리의 표면 아무 곳에서부터 물감 묻힌 붓을 한 방향으로 쭉 움직여보기만 해도 알 수 있는 일이다. 붓을 한 바퀴 다 놀려 더는 칠할 공간이 없어 같은 색깔로 고리의 원래 '뒷면'까지 칠하고 나면, 이 고리의 표면을 단 한 가지 색으로 칠해버렸으며 이에 따라 표면은 단 하나뿐인 것으로 인정될 것이다. 그리고 이 고리에서 원래의 경계는 조금도 알아볼 수 없을 것이다. 하지만 뫼비우스의 고리는 일시적인 꼬임의 장소가 아니다. 뫼비우스의 고리에서는 꼬임 자체가 장소를 구성한다.

일단 뫼비우스의 고리라는 은유의 의미를 이해했다면, 이러한 해석을 사용함으로써 얻는 이점은 무엇일까? 다윈이 자기 자신의 견해를 설명하는 데 단 한 번도 사용하지 않았던 도식이, 왜 오늘날 다윈의 텍스트에서 진화생물학과 사회인류학 간의 관계, 기제의 차원에서는 자연선택과 문명 사이의 관계를 이해하는 데에 이토록 큰 도움을 주게 된 것일까?

이처럼, 부단하고 균질한 연속성이라는 요소를 통해 반대항의 생성에 스스로 다다랐다고 표현하는 방식에는 커다란 이점이 있다. 철학에서 존재에 적용한 변증법적 과정의 개념으로 확인하려 했던 것을 굉장히 훌륭히 설명해준다는 것이다. 사실상 반전을 통한 이행, 그리고 반대항들의 과정적 동질성이야말로 다윈의 생물인류학적 담론에 자리 잡은 것이며, 이러한 담론은 인간의 두 상반된 상태(하지만 선택 과정에 모두 포함된다) 사이의 계보학적이며 필연적으로 연속적인 변천을 묘사한다. 이 같은 변천에서는 모순이 가장 먼저 나타난다. 생물계를 관찰한 바에 따르면, 그리고 계통발생학석 가설이 선제로 하는 연속성의 원칙에 근거해보면, 인간의 문명은 그것을 야기하는 것에 이율배반적인 현실로서 나타나는 것이 분명하다. 문명은 약자에게 너그러우며, 자연 혹은 원시 상태가 약자에게 틀림없이 마련해놓았을 소멸의 운명으로 이들을 내던지는 대신 도움의 손길을 내민다. 그렇지만 모든 진화적 생성을 설명하는 것은 핵심적인 도태적 요소를 포함한 단 하나의 기제인데, 자연선택이 바로 그것이다. 관용적인 표현을 빌리자면 진화의 원동력이라할 수 있는 이 자연선택을 통해, 그 모든 신체적·정신적·문화적 발달 수준에 이른 인간이 그들의 동물적 원형과 연결되는 것이다. 그리고 문명화된 인간은 최약자를 위한 이타주의를 장려하고 (다윈이 상기시켰듯) 이러한 선택의 어쩌면 퇴화적일 수도 있는 결과를 받아들이면서, 자연선택의 원래 기제의 핵심이 되는 도태 법칙과 사실상 대립되는 공동체적 생활방식을 확립했다. 그리하여 문명은 정확히 말해 도태의 제거라는 표현으로 오롯이 풀어낼 수 있는 변증법적 과정의 예시가 된다. 이 도태의 제거는 당연히 문명 그 자체가 도태적 선택에 의해 유리하게 선택되었다는 사실을 무효화하지 않는다. 그러므로 우리는 도태(자연, 원시성, 미개성)에서 도태의 의도적인 제거(문명)로, 이후 도덕과 법률이 발전함에 따라, 다윈이 '우리 본성의 가장 고결한 부분'이라고 묘사했던(앞 내용 참조) 반도태적 행동규범으로 옮겨가게 된다. 이러한 반전은 『인간의 유래』의 그토록 강력한 주제였음에도 백 년이 넘도록 분석되지도, 십중팔구는 아예 이해되지조차 못했다.

다시 한번 상기해보자면, 앞서 인용되었으며 『인간의 유래』 21장 결론에 나온 다윈의 문장 속에 이러한 반전이 완전하게 요약되어 있다.

> 생존투쟁은 매우 중요했으며 지금도 여전히 중요하지만, 인간 본성의 가장 고차원적인 부분에 관해서는 더 중요한 다른 요인이 존재한다. 왜냐하면 도덕적 자질의 직간접적 향상은 대부분 자연선택보다는 습성, 이성적 사유 능력, 교육, 종교 등의 영향에 힘입은 것이기 때문이다. 비록, 도덕심 발달의 토대를 제공했던 사회적 본능이 이 자연선택의 공로이기는 하지만 말이다.[54]

귀중하고도 구체적인 문장이다. 이 문장을 결론으로 삼는 일반론의 논리가 강요하는 진화적 질서에 따라, 그리고 이 문장이 문명의 변화를 묘사하기 위해 환기시키는 심급들 사이에 간격을 두어가면서 설명해보겠다.

---

54 『인간의 유래』, 21장, pp. 739~740.

생존경쟁 → 자연선택 → 사회적 본능 → 도덕심 → 문명

이 선형적일 뿐인 일차적 도식은 아무 설명 없이 넘어갈 수도 있다. 발생 기제를 단순화하여 적은 것에 불과하기 때문이다. 하지만 그 함의까지 해석하려면 다윈이 이선에 밝혀냈던 모든 것을 가시고 이 도식을 보충해야 하는데, 그의 모든 표현은 논리적 귀결 및 결과의 연결망에 핵심이 되는 다양한 전개의 주제가 되었기 때문이다. 다윈이 인류학적인 사유 끝에 이렇게 요점을 간추린 일반 도식은 인간 사회의 변화 단계에서 문명이라 불리기 적절한 현상을 일종의 변증법적 가시성 속에 자리 잡게 한다. 이 문명은 다음과 같다.

1. 발생 단계의 문명이란 인간 집단에 시행된 자연선택의 산물이다.
2. 현 상태의 문명이란 '더욱 높은 수준의 도덕성 유발'(다윈의 또 다른 표현)이 지배적인 진화적 경향을 이루는 진화 중인 현실이다.
3. 진화적으로 혁신된 문명이란 점점 더 인간의 지배를 받는 환경이자, 문명을 만들어낸 굉장히 공동체적인 조건의 총체(도덕성, 연대성, 이타주의, 지적 능력)에 유리한 특성의 개선과 우월성을 교육이라는 수단을 통해 장려하는 환경이다.
4. 진화적 전개에서 나타난 문명이란 생존투쟁이 존재하지만, 다윈이 다른 책에서 명확히 밝힌 방법(더 높은 수준의 도덕성, 즉 연대성, 이타성, 공감 등을 위해 개인 간에 계속되는 투쟁)에 따라 존속하는 환경이며, 여기서 우리는 '생존경쟁'도 '자연선택'도 아닌

'생존투쟁'이라는 이 조심스러운 용어 선택에 주목하게 된다. 그와 동시에, 자연선택 혹은 그 과거 버전인 도태적 선택이 일반적인 이론상으로는 '과거 형태의 쇠퇴'에 해당하는 퇴화적 진화에 착수하는 환경이다.

그러므로 우리는 앞서 등장한 도식에 과거의 모든 전개 요소를 포함시켜 다음과 같이 보강할 것이다.

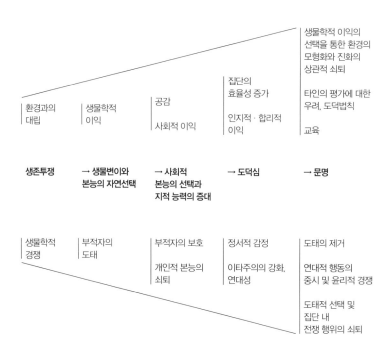

이렇게 보강된 도식은 상호 원조와 평화를 향한 진화적 경향의 일관성을 단순하게 따라가게 해준다. 다윈은 '문명화된' 국가의 행동에서 이러한 경향을 관찰했으며, 이것이 '도덕적 쟁취'의 확장과 혼동된다는 것을 감안하여, 이 경향을 분명히 인정하면서 본인 이론의 고유한 용어로 설명했다. 이러한 성향은 우리가 구성상 책의 서론에서만 언급했던 단락이자 어느 논리적 전개의 종결부에 해당하는 단락 한가운데에서 눈에 띄게 확실해지며, 여기서 다윈은 다음과 같이 입장을 표명한다.

사람이 문명에서 진보해나가고 작은 부족이 더 큰 공동체를 이룸에 따라, 각 개인은 설령 개인적으로 모르는 이들이라 하더라도 같은 나라에 속한 모든 구성원에게 그의 사회적 본능과 공감을 확대해야 한다는 것이다. 일단 이 지점에 도달하고 나면, 이러한 공감을 모든 나라와 모든 인종의 사람들에게 넓혀야 한다는 사실을 가로막는 것은 오로지 인위적 장벽 하나뿐이다. 물론 이 사람들이 외양이나 관습의 커다란 차이로 그him와 나뉘어 있다 하더라도, 안타깝게도 우리us가 이 사람들을 우리 동류처럼 보기까지 얼마나 긴 시간이 걸리는지를 경험을 통해 알 수 있다. 인간 종 너머로 확대된 공감, 즉 하등동물을 향한 자비[인간성]는 가장 최근에 획득된 도덕성으로 보인다. 원시인이라면 십중팔구, 본인의 반려동물인 경우를 제외하고는 이 감정을 하등동물에게 느끼지 못할 것이다. 고대 로마의 검투사들이 벌였던 혐오스러운 광경은 당시 로마인에게 자비라는 개념이 얼마나 없었는지를 잘 보여준다. 남아메리카 목축 지대의 목동인 가우초 대부분에게는, 비록 이들에게서 자비를 목격할 수 있긴 했지만, 자비라는 개념 자체도 새로운 것이다. 인간이 타고난 가장 고결한 덕성인 이 자비라는 덕성은 우리의 공감 능력이 더 섬세해지고 지각 능력을 지닌 모든 존재에게 해당될 정도로 더 폭넓게 퍼져나가는 가운데 부수적으로 발생한 것으로 보인다. 소수의 인간이 이러한 덕성을 자랑스럽게 여기고 실천에 옮기자마자, 자비라는 덕성은 젊은이에게 주어진 교육과 본보기를 통해 퍼져나갔고, 결국은 여론에 통합되기에 이르렀다.[55]

우리는 이 몇 줄을 읽으며 다윈의 진화인류학의 논리가 얼마나 빡빡하며, 이로부터 한 세기가 넘는 기간 동안 사회의 '검투사적' 개념을 자연적으로 정당화하는 계기가 되었던 유용流用 행위가 이미 여기서 얼마나 규탄되는지 보게 된다. 생체 해부 문제에 관한 다윈의 굉장히 합리적이고 윤리적인 의견은 이 점을 폭넓게 입증하는데,[56] 지각 능력을 지닌 모든 생물에게로 공감 감정을 무한 확장한

55　같은 책, 4장, p. 210

56　「과학 실험을 위한 생체 해부 실험에 관한 왕립위원회 보고서: 증언록과 부록 첨부」, London, Her Majesty's Stationery Office.
다윈의 증언(1875년 11월 8일 발언)은 233~234쪽과 4662~4672쪽에 위치한다. 왕립위원회의 이름으로 카드웰 자작에게서 생체 해부에 관련된 질문을 받은 다윈은 무의미한 고통이 동물에게서 '증오와 혐오'의 감정을 부추기므로, 마취제를 실험에 사용해도 무방하다면 그때마다 반드시 실험동물을 마취시키는 방식에 강력하게 찬성한다고 답했다.

다는 주제는 설득력 있는 문맥에서 일부러 떨어뜨려 갈기갈기 조각 낸 그 어떠한 인용문으로도 반박할 수 없는 구조적인 힘을 지닌다. 또, 가역적 효과의 논리를 다룬 이러한 진화의 방침은, 최대 다수의 행복을 사회적으로 획득한다는 관점에서, 문명인의 윤리를 결정하게 될 수밖에 없다.

그렇다면 다윈의 윤리적 입장에 관해 이렇게 어마어마한 교리적 무지가 쏟아져 나온 사정은 대체 무엇일까?

다윈의 윤리관을 철학적으로 다루려 한다면 한없이 복잡하고 모순적인 문제가 된다. 왜냐하면, 내가 앞서 다른 저서에서 증명해 보였듯,[57] 그것이야말로 다윈이 거부한 일이었기 때문이다. 물론 다윈은 철학에 관심이 있었으며, 그가 철학 분야에서 입증된 수많은 책을 읽었다는 사실이 이를 충분히 뒷받침한다. 그가 종교와 도덕, 정치에 관심을 두었던 것처럼 말이다. 그러나 이는 어느 '철학자'가 관심을 두는 방식은 아니었다. 다윈이 '철학적' 주제에 관해 자신이 자격이 없다고 수차례 밝혔던 것이 진심인지 아닌지를 아는 일은 중요치 않다. 하지만 예컨대 다윈이 과학과 윤리의 이론에 관한 다양한 영국의 학파, 더 나아가서는 프랑스 학파의 개략적인 참고 서적을 다수 보유했다는 점은 짚고 넘어갈 만하다. 그는 베이컨과 오귀스트 콩트를 즐겨 읽었고 스튜어트 밀을 알았으며, 이후 스스로 쓸데없는 것이라 판단했던 일종의 의무감에 못 이겨 스펜서까지 독파

---

57 파트리크 토르, 『다윈과 철학』, Paris, Kimé, 2004.

했다.[58] 다윈이 철학의 영역을 침범하길 거부했던 것은 일종의 원칙적 태도에서 기인한 것이다. 이는 자신의 개인적인 무신론을 해로운 것으로 그리고 증명이 불가능한 논의를 실질적인 이득이 없는 것으로 간주한 끝에, 종교적 문제에 공개적인 찬반 여부를 밝히지 않고 공식적인 불가지론자로 남아 있길 원했던 태도와 유사하다. 그렇기에 그가 철학에서는 '불가지론자'였다고 말할 수 있는데, 덕분에 다윈은 특정한 학설을 받아들이고 그것의 타당성을 증명하는 일을 면할 수 있었다. 반면, 어떻게 보면 철학의 주제가 자신의 연구 대상이기도 했기 때문에 그는 철학의 내용물contents을 살펴보았으며, 당연한 일이지만 다윈의 진화인류학이 연구하고 해석하는 대상 목록에 철학 그 자체가 통합되었다.[59] 그리고 이는, 종교와 모

---

58 다윈이 스펜서에 관해, 그리고 그의 저작의 순전히 학문적인 기여도에 관해 내린 굉장히 부정적인 판단이 1876년 『자서전』의 '복원본'에 실려 있다.

59 최근에 나는 방금 막 인용된 『자서전』에서 다윈이 '철학적' 말뭉치에 대해 유지했던, 거리감 있는 관계에 관한 주장을 제시하고자 했다. 이에 관해서는 다음 단락을 발췌하는 것이 적절해 보인다.
"하느님의 계시와 기독교 윤리관, 자연 질서가 서로 일치한다고 주장하는 전도사 겸 이론가인 조지프 버틀러의 철학적 선택과 다윈이 서로 반대되는 입장에 있다는 사실은 너무나도 자명하다. 하지만 다윈은 버틀러의 1736년판 저서 『자연의 구조와 흐름에 대한 자연 종교와 계시 종교 분석』에서 정서적 감정, 공감, 이타주의, 도덕적 행동 같은 문제시될 만한 부분들을 발췌한 뒤 자신의 이론을 기반으로 재해석하는 소재로 사용했다. 또한 다윈이 격렬한 반합리주의자이자 반이신론자[이신론deism이란 신을 세계의 창조자로 인정하지만, 세상일에 관여하거나 계시하는 것과 같은 인격적인 존재로는 생각하지 않고, 기적 또는 계시의 존재 역시 부정하는 이성적인 종교관을 말한다]인 에드먼드 버크의 주요 사상에 전혀 공감하지 않았던 것은 분명하다. 그러나 버크의 1757년 출간작이자 다윈 자신은 1823년 판본으로 읽은 『숭고와 미에 관한 우리 생각의 근원에 대한 철학적 탐구』에서는 종교적 행위 및 감정의 경험에 내재한 초월 감정의 심리적 기저에 관한 자신의 고찰을 풍요롭게 하는 데에, 그리고 더 길게 보자면 미美의 감각적 이해의 동물적 기원에 관한 자신의 이론을 구축하는 데 사용할 재해석 요소를 찾아낸다. 또한 바로 이 미라는 주제야말로 콜리지와 워르스

든 일반적인 문화적 주제와 같은 자격으로 이루어졌다. 방법론뿐 아니라 내용을 통해 철학을 구성하는 것은, 학설과 현상 간의 필수적인 합의를 통해 더욱 밀접하게 규범이 정해지는 영역으로 나아간 인간 진화의 일반론에 관련된 사안일 수 있다. 도덕법칙에 관한 칸트의 발화가 비록 철학적으로는 의미를 갖는다('보편적 요구') 하더라도, 인간 진화에 관한 일반론에서 '의미'를 갖는 것은 바로 이러한 의미이며, 이것이 바로 어느 현상의 의미가 된다. 그리고 칸트 윤리학을 진화의 이상적 표현으로 삼으며 공고해지는 진화적 경향의 지

테드를 통해 다윈이 다양한 방식으로 접근했던 것이었다. 전자의 경우 시적이자 종교적인 관점, 후자의 경우 미학적이자 수학적인 관점을 취했던 이 두 사람의 유심론唯心論[우주 만물의 참된 실재는 정신적인 것이며, 물질적인 것은 그 현상에 지나지 않는다고 주장하는 이론]은 자연에 관한 다윈의 개인적인 결론과 정반대였다. 다윈이 샤를 르브룅이나 찰스 벨, 요한 카스파르 라바터, 고트홀트 에프라임 레싱의 저작을 활용한 것 역시 이 책들이 그저 다윈이 1872년 출간한 『인간과 동물의 감정 표현』에 사용되는 소재를 구성하는 정보를 포함했기 때문임을 쉽사리 짐작할 수 있다. 오켄의 경우 다윈은 그를 '신비주의자'라고 칭하면서 그의 철학을 완전히 무시했는데, 오켄은 두 가지 만각류에 관한 미세한 분류 요소에 관해서만 재등장할 뿐이다.(이 역시 프랜시스 다윈의 가설에 불과하다. 1849년 2월 10일 스트릭랜드에게 보낸 서신.) 두갈드 스튜어트에게서는, 그의 섭리주의적 신념은 딱히 고려하지 않은 채, 감정에 대한 자기 이론을 뒷받침할 요소, 숭고감과 영원의 감정, 기호 그리고 어쩌면 윤리와 지각 이론에 관해 분산된 요소들의 심리적 기원에 관한 소재를 탐색했다. 마지막으로 에머슨의 경우, 그의 '초월주의적' 관념론, 실험에서 객관적 방법론에 대한 거부, 궁극적 목적론, '자연의 신적 영혼'이라는 직관적 계시에 대한 신학자로서의 믿음에 대해 다윈이 느꼈을 냉철한 경멸감에 대해서는 뭐라고 말해야 할까? 게다가 다윈은 칼라일이 서문을 쓴 1841년 10월 판만을 부분적으로 읽었을 뿐이다. 이 칼라일에 대해서도 다윈은 냉소적인 신랄함을 지녔으며, 노예제가 최강자의 권리라는 몹쓸 인견의 정당화를 하는 인물이라고만 평가할 뿐이었다.(『자서전』) 우리는 그 출처가 되는 담화나 텍스트, 말뭉치에 관해 어떠한 '철학적인' 동조의 흔적도 지니지 않은, 선별적인 독서나 단편적인 차용의 예를 얼마든지 늘릴 수 있다. 심지어 다윈은, 학문적으로 볼 때 진보주의자이며 '자연의 자가 진화 능력'을 인정하는 어느 영국 국교회 신학자(베이든 파월, 1797~1860)를 일종의 협력자로, 심지어는 자기 이론의 선구자로 삼았다."(『다윈과 철학』, pp. 38~39)

평에서 이러한 현상은 칸트 윤리학의 실존 그 자체가 된다. 칸트 윤리학이 의무에 대한 복종을 보편적인 지평으로 설정하는 현상은 진화 현상의 징후다. 그리고 이 현상은 다윈이 서술했던 현상, 즉 인간 의식이 더 발달되는 훗날에는 타자의 가치에 대한 인정의 폭을 모든 지각 가능한 존재의 존중으로 확장시키는 현상과 같은 수준이다. 하지만 칸트가 이를 통해 보편적으로 바람직하며 '절대적인' 선善의 이상 혹은 철학적 의무를 표현한 반면, 다윈은 객관적으로 분석 가능한 진화적 경향을 묘사했다. 다윈은 비록 여기서 더 나아가길 바라지만, 이러한 경향은 단순한 합리적 동의에서 나온 충고의 수준을 '초월하는' 그 어떤 의무도 법적으로 정당화하지 않는, 현상으로서의 내용을 지니고 있다.

다윈은 '오로지 자연사적인 관점으로', 의무의 문제를 우선시하는 입장에서 윤리를 분석하려는 의도를 숨김없이 밝힌다.

이마누엘 칸트는 이렇게 외쳤다. "의무여! 온화한 암시로도, 아첨으로도, 그 어떤 위협으로도 작동하지 않으나, 그저 네 준엄한 법칙을 영혼에 내세움으로써 순종은 아닐지언정 존중을 얻어 작동하는 경이로운 관념이로다. 비록 내심 반항적인 욕구가 있다 하더라도, 너를 마주하고는 모든 욕구가 입을 다무는구나. 너는 대체 어디서 기원하는 것인가?"
이처럼 중요한 문제가 재능 있는 수많은 저자[60]에 의해 논의되었다. 그리고 내가 이 지점으로 되돌아가는 것을 정당화하는 유일한 이유는, 이 부분을 침묵으로 일관하고 넘어갈 수 없기 때문이다. 그리고 내가 아는 바로, 여태껏 그 누구도 이 문제를 오로지 자연사적인 관점에서 다루었던 적이 없다. 또한 이러한 식의 탐구는 또 다른 이점을 보여주는데, 하등동물에 관한 연구가 인간의 가장 발달한 시적 능력에 어떠한 실마리를 제공하는지 살펴보기 위한 시도가 될 수 있다.[61]

방금 전 읽은 것처럼, 문제는 기원이라는 관점에서 다루어졌다. 물론 이는 당연히 도덕의 계보학에 관한 사항이다. '인간계'를 따로 분리시키고 싶어했던 이들에게 인간은 도덕적 의식 덕분에 별도로 정의되는 것처럼 보일 수 있었는데, 연속주의적 원칙은 이러한 도덕적 의식의 원기原基를 더 단순한 의식 수준의 동물에게서 감지해 내도록 이끌었다. 그렇기 때문에, 동물성에서 관찰 가능한 모든 수준의 정서적이고 이타적인 발현 그리고 그것과 지능 발달 사이의 개연성 있는 상관관계를 주의 깊고 끈질기게 찾으려는 시도가 이루어졌던 것이다. 이는 쉽게 이해되는 사항이다.

그러므로 우리는 도덕의 기원, 즉 사회적 본능 안에 존재하며 도덕의 계통발생학적 발달과 그에 얽힌 진화적 요소들을 이성적 능력

---

60 (다윈의 주) "알렉산더 베인은 이 주제에 관해 글을 썼으며 모든 독자에게 그 이름이 익숙한 영국 저자 26명의 목록을 제공한다.(『정신적, 도덕적 과학』, 1868, pp. 543~725) 또한 이 목록에 베인 본인과 윌리엄 레키, 새드워스 호지슨, 존 러벅 경 그리고 그 외 여러 인물을 더 추가할 수 있다."

61 『인간의 유래』, 4장, pp. 183~184.

의 공동 증대와 결합시킨 도덕의 기원을 탐구할 것이다.

 '원칙'에 관한 철학적 문제를 제기하지는 않을 것이라는 말이다.

고결함과 비루함

/

다윈에 따르면 '인간의 모든 속성 중 가장 고결한'[62] 것인 의무감은 인간이 자기 목숨을 동류를 위해 위험에 빠뜨리거나 대의를 위해 희생하도록 이끌 수 있다. 이 의무감이라는 용어를 『인간의 유래』 4장의 도입부에서 칸트의 인용문과 곧바로 확실하게 연결시키는 데서 드러나는 것처럼, 다윈은 의무감을 도덕심과 혼동한다. 의무감은 사회적 본능과 지적 능력의 발달에 명백히 좌우된다. 마지막으로, 그는 같은 공동체에 속한 다른 개인이나 이 공동체 전체를 위한 경우처럼, 자신의 일은 아니나 개인적·실존적으로 가깝게 연결된 경우라면 주체가 자신의 직접적인 개인적 이득을 내려놓기도 한다는 견해를 지녔다. 잠시 후 이 부분을 다시 살펴보려면, 잠시 의무와 도덕심, 희생(혹은 죽음의 위험) 간 관계의 무매개성을, '의무'에 관한 긍정적 가치판단에 관한 다윈의 가정을 주목해야 한다. 이

---

62 같은 책, 4장, p. 183. 영어 원문은 다음과 같다. "It is the most noble of all the attributes of man (…)."

부분에서 다윈은 일반적 여론과 궤를 같이했는데, 그가 이타주의적 태도의 올바름을 인정하기 위해 매번 사용하는 '고결함'이라는 용어는 다윈에게는 가치론적인 적법함의 표지였으며, 그 출현 빈도를 교육적 차원에서 분석할 수도 있다. 특히 우리는 이 용어를 앞서 인용된 '우리 본성의 가장 고결한 부분'[63]이라는 표현에서 찾아볼 수 있다. 이는 공감의 또 다른 이름인 연민을, 그리고 고통받는 타자를 향한 도움의 손길 혹은 지각 능력을 지닌 모든 존재를 향한 '자비'를 지칭하는 표현이다. 이 부분으로 되돌아가보겠다.

따라서 다른 이를 위해 감수하는 데서 오는 고유의 위험, 그리고 공동체의 이익을 위한 자기희생은 변함없이 '고결한' 것으로 선언된다. 이처럼 가식도, 서술상의 후퇴도 없는 설교는 여러 가지 문제를 전제로 한다. '고결'이라는 용어의 용례를 어떻게 해석할 것인가? 교육적 차원에서 일상어에 한발 양보한 셈인가, 혹은 그 용어가 요약하는 가치를 신속하게 인정할 만한가? 여기서 이 용어는 묘사를 위한 것인가, 찬양을 위한 것인가? 이 '고결'이라는 단어는 내부의 긴밀한 결합을 위해 태도와 행동을 규정하는 일개 공동체가 특정 행위에 대해 흔히 내리는 판단에 단순히 부합하는 표현인가? 그렇다면 집단 내에서 개인 간의 정서적 이타주의는 집단의 이성적 이기주의의 간적접인 해석일 뿐이란 말인가? 척 보기에도 자의적인, 다윈의 '고결한'(이타적인) 행위와 '비루한'(이기적인) 행위 사이의 구분

---

63   같은 책, 4장, p. 183. "This virtue, one of the noblest with which man is endowed, (⋯)."

은 흔히 존경받는 가치들에 대한 어느 정도의 찬동을 뜻하는 것일까? 이처럼 '문명'의 가치를 지지하고, 참여적인 성격을 띠는 '우리'라는 주어를 그에 관련하여 굉장히 자주 사용함으로써, 다윈은 '문명화된' 국가의 도덕적 진화를 인정하고 이를 통해 문명적인 가치의 보편적·필수적 성격을 은연중에 인정하는 것인가?(왜냐하면 이 가치가 선택되었고 다른 패배한 민족이 중시했던 가치에게 승리를 거두었으니까?)

이론적인 관점에서, 첫 번째 대답은 다음과 같다. 사회적 본능이 선택되어 그것이 이성 능력과 함께 발전하도록 허용했던 유리한 변이는 '문명'의 진화적 출현을 장려했다. 문명의 내부에서 발달된 이타적·공감적·연대적 감정과 그것의 도덕적이며 제도적인 결과 덕분에, 이러한 문명은 구성원 간의 관계를 동일한 수준으로 발달시키지 못했던 모든 형태의 공동체 조직을 압도했다. 다윈에게 있어 화합되고 연대적인 사회성은 적응적 이익이었다. 그러므로 이러한 사회성의 내적 규범을 정하는 도덕은, 규범을 제도화하는 법과 마찬가지로, 선善이다. 왜냐하면 경쟁 집단 간의 생존 대립에서 집단의 진화적 성공을 유리하게 해주기 때문이다.

그렇기 때문에, 도덕을 인정한다는 것은 도덕이 그토록 강력하게 기여했던 진화적 성공의 규칙을 따르는 것 이상도 이하도 아니다. 그러나 유용성을 계산하거나 이성적인 확신에 따라, 혹은 자신이 받은 교육에 순종하여 도덕법칙을 따르는 것은 '도덕적' 행동이 아니라고 철학자들은 반박할 것이다. 홉스의 '사회계약론'이 구축된 이후, 우리는 엄밀히 실용적인 목적의 이성적 사유는 하나의 사회가 그 구성원에게 강요하는 도덕적 가치 및 행동의 준수로 이어질 수 있다는 사실을 쉽게 상상할 수 있게 되었다. 자신의 개인적 권리 혹은 이기적 만족감 중 일부를 포기한 개인은 그 대가로 자신의 집단에게서 보호를 받는나. 이러한 보호는 자신과 유사한 구성원이 늘어날 때마다 강화되고, 이제 더는 개인 간이 아니라 집단 간에 이루어지는 생존경쟁에서 자신이 속한 공동체의 우위를 보장하면서 그 자신에게 간접적 이익을 가져다준다.[64] 다윈은 이러한 진화의 단계와 그 지속 기간을 명백하게 인식했다. 그러나 공감적인 동화同化의 움직임은 이를 넘어서도 계속된다. 앞서 살펴본 바처럼 차후의 단계는 이러한 다른 집단에 대한 연대의식이며 그 후에는 인류 전체, 이후 더 나아가서는 지각 능력을 지닌 모든 존재에 대한 연대의식인 것이다. 다윈에게서 이 주제는 굉장히 눈에 띄게 나타나는데, 여기서 이 주제의 논리가 상당히 통찰력 있음을 알 수 있다. 19세기 말 이후 국가들의 역사를 점철했던 한층 확대된 새로운 연합, 다양한 동맹 관계 등을 비롯하여 동물의 복지에 대한 입증되고 높아진 관심이 이를 확인해준다. 사실상, '미개성'에 대한 '문명'의 진화

---

64 『인간 본성에 관한 논고』에서 흄은 이미 집단만을 대상으로 하는 '공감'의 일차적 경계 긋기에 관한 의견을 전개시켜나갔다. 이러한 경계 긋기는 공감을 통해 오로지 내적인 차원에서 연대를 이룬 여러 집단 간의 대립 관계를 유발한다. 다윈에 따르면, 이 단계에서는 여러 제한적인 공감 구획 간의 관계가 부족 간, 국가 간의 대결 과정을 추구하게 되지만, 그럼에도 문명의 영향력이 커짐에 따라 더 큰 인정과 연합의 씨앗을 품게 된다. 그것은 바로 타자가 지닌 타자성의 점진적인(이와 떼어놓을 수 없는, 정서적이며 인지적이고 윤리적인) 감소다.

적 우월성을 결정했던 동화적이며 이타적인 행동에 결부된 이익이 점차 확인되고 있는 상황에서, 공감의 선택은 더욱 강화되고 확대될 수밖에 없다. 인간이 문명의 사다리 위로 올라간 만큼 자신의 환경을 더 많이 지배하기 때문에 환경적 조건은 더 변하지 않는데, 이처럼 조건이 변하지 않을 때 이러한 무한 확장의 과정은 '인위적 장벽'이 오래도록 지속된다는 점을 감안하면 그 발전이 시간에 좌우될 수밖에 없는 진화 경향을 보인다. 그리고 이러한 과정은 문명 이전이든, 인류 출현 이전이든 간에 과거 조건으로 간헐적으로 '회귀하는' 경우에만 우연히 저지될 뿐이다. 우리가 기억하기로, 다윈은 이처럼 타자를 '동류'로 인정하는 데에 오랜 시간이 필요한 것을 유감스러워했다. 이러한 인정의 행위는 모든 개인이 이전에는 자신의 사회집단 구성원에게나 가능했던 정도의 공감을 외부인에게 '느낄 수 있도록' 만들어준다. 철학자라면 다윈이 동화적이고 이타적인 행동을 자연적 기반에 의거하여 확립하는 데에 관심이 있었음을 알아볼 수 있을 것이다. 여기서 자연적 기반이란 고등동물의 경우, 양친 부부라는 성적·생식적 공동체의 존속 그리고 부부가 자손에게 제공하는 보살핌에 관련된 사회적 본능의 선택을 말한다. 그는 도덕심이 집단의 결집력을 강화시킴으로써 제공하는 이익을 고려하여 진화가 어떻게 '도덕심'을 선별적으로 개선시키는지 이해할 것이다. 더 나아가 그렇게 생겨난 관계적 환경에서 조건이 급변하지 않는 한, 오직 보편적인 평화와 일반화된 이타주의만이 이미 제한된 평화와 이타주의를 만들어냈던 진화적 경향에 지평의 구실을 할 것이라는 사실도 이해할 것이다. 하지만 여기서 이러한 경향이나 방향이 번식상의 성공과 생물적 유용성의 확대에 포함된다는 점 외에 '좋은 것'이라고 정당화하기는 어려울 것이다. 감수성 자체도 이러한 진화적 유용성에 포함되니 말이다.

도덕적 행동이란 개인이 개인적 혹은 집단적 타자를 위해 사적인 이득을 포기하는 행위를 말하는데, 여기서 흔히 철학자는 도덕적 행동에 '가치'라는 내재적 품격을 보장해줄 '원칙' 혹은 '정당화'의 결핍이라고 지칭할 만한 결핍을 느끼게 된다. 이 가치는 유용성이라는 동기로 단순화할 수 없는 절대성을, 도덕적으로 행동할 의무에 부여하는 역할을 한다. 그런데 이 원칙과 정당화야말로 다윈이 발전시킨 이론처럼 도덕의 진화적 형성에 관한 비철학적인 이론은 제시할 수 없는 사실이다. 다윈은 포기와 희생이 주요 종교의 핵심 가치를 이룬다는 사실을 알았다. 그렇기 때문에 종교적 신앙의 모든 형태를 배제했던 그는 윤리적 가치의 토대가 되는 행위의 출현을 진화 중인 사회화된 인류의 상태에 관련된 것으로서 다양한 민족의 자연사와 사회사의 내재성 안에서 생각하고자 했다. 이처럼 도덕에 관한 계통발생학적·진화적 접근은 보통 선택적 생물변이론의 인류학적인 '고정'에 통합된다. 따라서 앞서 말했듯 포기와 희생이 '문명화된' 국가의 주요 종교나 철학 체계 대부분에서 핵심 가치를 이루는 만큼, 다윈은 동물계나 구인류에게서 도덕적 행동의 원기를 찾으며 계통발생학적 관점에서 포기와 희생이라는 두 가지 요소를 연구했다. 만일 다윈이 '원칙'을 연구했다면 이는 당연하고도 전적으로 자연주의적이며 인류학적일 것이었다. 그리고 그러한 연구에 관한 모든 철학적인 요구는 부당한 것이라고까지는 말하지 못하겠지만 적어도 걸맞지는 않는 것이다.

위험과 이타적 희생의 가치 혹은 도덕적 미美라는 문제는 성선택의 분석을 조명해야지만 명확해질 것이다.

제3장

성선택

: 미, 대상 선택,
상징주의, 죽음의 위험

　　　　　　　　　　『인간의 유래』는 여기서 우리의 특히 관심을 불러일으킬 보충적 이론, 즉 성에 관련된 선택 이론이 전개되는 작품이기도 하다. 이 '성에 관련된 선택'이라는 표현은 두 가지 방식으로 이해되어야 한다. 하나는 주로 한쪽의 성에만 전달되는 형질의 선택, 다른 하나는 자연선택의 특수한 방식, 때로는 자연선택에 반대되거나 의도적으로 상반될 수 있는 방식으로서의 일반적 성 관계 및 생식 관계에 관련된 선택으로 말이다.

무기와 매력

/

『인간의 유래』 8장은 성선택을 '같은 성별 및 같은 종의 다른 개체와 비교하여 특정한 개체만이 소유한 이익이자 오로지 번식에 관련된 이익에 좌우되는'[65] 선택으로 정의한다. 성선택 역시 투쟁에 기반을 두며, 좀더 특별하게는 경쟁에 기반을 둔다. 그와 동시에 일상적이고 포괄적인 정의의 '생존투쟁'과는 상대적으로 무관하게 남아있는데, 성선택은 수많은 종의 수컷이 암컷을 차지하고자 서로 맞붙는 주기적인 대결에서 수컷 간의 경쟁관계에만 관련될 뿐이기 때문이다. 성선택의 결과가 경쟁자의 도태나 완전한 자격 상실인 경우는 별로 없으나, 대부분은 승리한 수컷에 유리하도록 패배한 수컷이 일시적으로 떨어져 있게 된다. 성선택에서 특정 수컷이 승리하는 것은 그의 정력과 호전성이 더 넘치기 때문이거나, 더 탁월한 무기를 지녔기 때문이다.(사슴의 더 발달한 뿔, 수탉의 더 예리한 발톱, 사자의 보호구 역할을 하는 더 무성한 갈기, 새의 더 반짝이는 깃털과 기교가 더 뛰어난 지저귐이 그 예다.) 그러므로 이러한 주기적 변화 대부분은 오로지 구애 당사자인 수컷에게만 해당되는 셈이다. 이 변화는 오로지 남성이라는 한쪽 성에게만 고유한 신체 기관이나 형태학적 특성의 선택적 개선을 이루어낸다. 이 형태학적 특성이

---

65   『인간의 유래』, 8장, p. 305.

란 이차성징을 말하는데, 이차성징은 생식과 직접적인 생리학적 관계는 없지만 생식이 실행되는 데에 부차적 역할을 한다. 암컷이 행하는 선택이나 암컷을 차지하기 위한 투쟁의 상황이 이 이차성징을 나타내는 개체에게 더 유리하게 작용하기 때문이다. 특히 여러 갑각류에게는 물체를 잡는 기관이 교미 중 암컷을 붙잡고 받치는 수단으로 사용된다. 이러한 형질의 유전과 그것의 유리한 변이는 한쪽 성에만 관계된 유전의 효율을 돋보이게 한다. 이차성징에 관련된 이익이 경쟁에서 우위의 원인이 될 때, 이러한 이익을 지닌 수컷은 그 덕분에 더 많은 후손을 낳고 보호하여 이들에게 이익을 전달할 수 있다. 한편, 성선택과 자연선택의 작용 영역이 잠재적으로 서로 겹침에 따라 특정 기관 혹은 특정 형질이 두 선택 모두에 의해 중복 결정될 수 있느냐라는 질문이야말로 가장 민감한 질문으로 보인다. 어느 기관이나 형질이 생존에 유용한 동시에 성적 경쟁에 유리한 것으로 선택될 수 있기 때문이다. 어느 생물 종의 경우 암수의 생활방식이 완전히 유사하지만 수컷의 감각 기관 및 운동 기관이 현저하게 발달했다는 점이 차이점이라고 가정할 때, 이러한 기관의 우월성은 수컷이 암컷의 위치를 파악해 만나는 데 굉장히 유용하다고 생각할 수 있다. 그리고 이 경우는 보통 여타 생존 습성과 마찬가지로 이러한 용도에 적응된 이익, 즉 생존투쟁에 직접 연관된 이익이며 그 결과 수많은 자손의 생산을 동반하는 것이다. 그러므로 이러한 이익은 단순한 자연선택에 완벽히 포함될 수 있다. 그러나 정확하게 같은 조건으로 살아가는 암컷이, 그러한 이익을 지니지 않고도 그 생물 종의 공통적 환경 가운데서 완벽히 생존한다는 점, 그러한 이익을 조금밖에 지니지 못한 수컷도 시간은 좀 걸리지만 암컷과 결국 교미하게 된다는 점을 고려해보자. 그렇다면 뛰어난 성능의 감각 기관과 운동 기관은 교미 경쟁에서 수컷 간의 정말로 결정적인 판별 역할을 하지 못하는 셈이다. 그리고 이러한 이익은 시간상의 우위이자 번식의 목적을 지닌 것인데, 제일 빠르고 방향을 가장 잘 잡은 수컷에게 유리한 결말이 보장되는 경쟁 관계 속에서 생식적 차원으로 작용한다. 따라서 이는 성선택이며 수컷 성체 후손에게 선택 이익을 전달하는 결과를 동반한다. 다윈은 "내가 이러한 형태의 선택을 성선택이라고 이름 지었던 것은 바로 이러한 구분의 중요성 때문"이라고 결론 내렸다. 만일 여타 경쟁자 수컷과의 경쟁에서 어느 수컷이 훨씬 더 발달한 잡기 기관 덕분에 암컷과 짝짓기를 더 잘할 수 있다면, 그리고 이러한 이익이 단지 이 상황에서만 실질적인 이익으로 작용한다면, 이 기관의 발달은 성선택에 그 원인이 존재하는 것이 분명하다. 경쟁자에 비해 특정 수컷만이 보유한 이러한 이익이 경쟁의 진정 유일한 판별 요소이기 때문이다. 다윈은 "그러나 이러한 유형 중 대부분은 성선택의 영향과 자연선택의 영향을 서로 구분하는 것이 불가능하다"라고 덧붙였다.[66]

다윈의 고찰은 언제나 구조적으로 동일하며, 동일한 질문을 은연중에 반복한다. '만일 생존투쟁의 승리가 가장 많은 자손의 번식을

---

66   같은 책, 8장, p. 306.

의미한다는 점을 고려한다면, 이러한 승리를 최종적으로 허용하는 판별적 이익은 무엇인가?' 그리고 이 질문에 대한 대답은 종종 단순한 관찰을 통해서보다는 논리적 연역을 통해서 도출된다. 왜냐하면 자연에서 자연선택과 성선택은 일반적으로 그 결과(번식 증대)와 그 작용(여러 용도를 지닌 수컷 생식기의 예처럼)에서 각기 구분될 수 없기 때문이다. 우위의 결정적인 요인, 즉 수컷을 최종 판별하고 승리자를 분간해내기 위한 유일한 결정 인자에 관한 이론적 고찰을 통해서만 자연선택의 작용과 성선택의 작용에서 각기 유래한 것을 구분할 수 있다. 이제는 이론적 명칭으로는 구분되나 생물 종의 성체 단계에 이르러 합쳐지는 두 심급 사이의 관계를 이해하는 것이 중요하다. 이 두 가지 사이의 구분 자체가 모든 생명체를 종속시키는 절대명령들 간의 근본적이고 질서정연한 이원성을 보여주는데, 이 절대명령이란 우선 생존하라, 즉 자원을 획득하여 영양을 취하고 성장하라, 다음으로는 번식하라, 즉 짝짓기를 하고 자손의 생존을 확보하라는 것을 말한다. 그러므로 성선택은, 물론 전반적인 선택 과정에 반드시 통합되긴 하지만, 부차적인 필요성을 지닌다. 시간상 『종의 기원』(자연선택의 일반론을 정착) 이후 『인간의 유래』(성선택에 관한 부차적·보충적 이론을 서술)가 출간된 것은 이처럼 각 생물체의 개인적 역사에 새겨진 순서를 완벽하게 설명한다. 즉, 위대한 자연주의자 대부분이 관찰했고 강조했던 바와 마찬가지로, 생물체가 먼저 영양을 섭취하여 성체가 된 후 번식하거나 번식을 할 수 있는 상태가 되는 순서 말이다.

여기서는 다윈의 텍스트에서 발견된 상당한 방향 전환에 주목하고자 하며, 이러한 방향 전환을 통해 다윈은 성교 및 번식 상대의 쟁취에서 각 개체의 의식적인 의지의 더 현저한 참여에 더 큰 의미를 부여했던 듯 보인다.

성선택의 영향으로 발달된 것이 분명한 구조와 본능이 여럿 존재하는데, 경쟁자와 대적하고 물리치기 위한 수컷의 공격 무기와 방어 수단이 그것이다. 수컷의 담력과 호전성, 다양한 장식, 목소리나 도구를 이용해 음악을 만드는 방식, 냄새를 분비하는 분비선들. 이 구조 대부분은 암컷을 유인하고 흥분시키는 데만 사용된다. 이러한 형질이 성선택의 결과이지 일반적인 선택의 결과가 아님은 분명하다. 무기도, 장식도, 매력도 없는 수컷도 생존투쟁에서 얼마든지 성공할 것이며, 그보다 더 많은 것을 갖춘 수컷만 없다면 많은 자손까지도 남길 수 있기 때문이다. 이 점은 무기도, 장식도 없는 암컷도 살아남아 종을 번식시킬 수 있다는 사실을 통해서도 추론된다. 우리가 방금 언급했던 (…) 유형의 이차성징은 여러 면에서 흥미롭지만, 특히 양성 모두의 개체가 지닌 의지와 선택, 경쟁 관계에 좌우된다는 점이 흥미롭다. 암컷을 차지하려고 싸우는 수컷 두 마리, 혹은 암컷 무리 앞에서 화려한 깃털을 펼치고 기이한 자세로 몸을 비트는 데 전념하는 수새들을 관찰하노라면, 우리는 이들이 물론 본능의 인도를 받긴 하지만 자신이 무슨 행동을 하는지 인식하고 있으며 다분히 의식적으로 신체

적·지적 능력을 행사하는 것이 아닌가 하고 짐작할 수 있다.[67]

이처럼 암컷을 차지하려는 의지와 의식에 대한 다윈의 주장은 엉뚱해 보일 수 있다. 왜냐하면 동종의 개체가 하나의 먹잇감을 두고 다툴 때 역시 의식적인 의지를 가지고 맞서는 듯이 보이기 때문이다. 반면 교미 경쟁이라는 상황의 새로움은, 짝짓기의 전조에서 성적 역할의 차이점 자체에, 수컷의 구애를 관람하는 암컷이 행하는 선택에 달려 있다. 이 암컷은 짝짓기 대결에는 참여하지 않지만 식량 확보와 관련된 알력 다툼에는 얼마든지 참여할 수 있다. 때로는 일종의 의식이 된 짝짓기 대결에서, 경쟁자 수컷 간 싸움의 결말은 이러한 관계 영역 안에서만, 암컷의 선호도와 관련해서만 유효한 우월성의 형질에 좌우된다. 짝짓기 상대의 선택을 전제로 하며, 한층 강력하게 개체화된 의식적 의지로 이러한 싸움에 관여하는 것은 더는 식욕처럼 단순한 필요가 아니라, 이미 분명하게 윤곽이 드러난 욕망이다. 그렇기에 이를 만족시키기 위한 주요 수단은 이제 무기의 영역이 아니라 매력의 영역에, 미의 영역에 속하는 것이다.

이제는 무기와 장식 간의 구분이 형태발생학적으로 독특한 어느 기관이나 특성을 기준으로 해야지만 타당하게 설명될 수 있다는 사실을 이해해야 한다. 유혹을 결심한 주체가 자신의 매력이 아니라 무기를 사용하여 자신이 탐하는 대상을 얻겠다고 말하는 것은

---

67   같은 책, 8장, pp. 306~307.

고전어일 뿐 아니라 상투적인 사랑 표현의 일종이기도 하다. 이 매력과 무기는 동일한 표현이나 마찬가지인데, 사랑을 쟁취하기 위한 하나의 수단을 완벽하게 대체 가능한 방식으로 지칭하기 때문이다. 동물계에서 수컷이 소위 '발정기' 동안 전념하는 대결에서는 무기가 사용되는데, 이 무기는 암컷의 호감을 자극하기 알맞은 유혹의 수단, 즉 매력이기도 한 셈이다. 다윈은 이러한 기능적 중복 결정을 보이는 수컷의 속성을 주의 깊게 조사했다. 예컨대 몇몇 초시류의 뿔이나 톱니 모양의 큰턱은 그 소지자에게 싸움의 우위를 제공하기 위한 것으로 보인다. 그러나 관찰한 바에 따르면, 일반적으로 싸움은 드문 편이며 이러한 부속체나 기관은 싸움의 흔적을 그다지 지니고 있지 않다. 몇몇 종의 경우, 유별나게 발달한 수컷의 큰턱은 무엇보다도 짝짓기 행위 동안 암컷을 단단히 붙들기 위한 용도이며, 다윈의 의견은 이러한 비대 증상이 방어나 공격을 위한 기능적 유용성보다는 장식적 기능을 위한 것이라는 쪽으로 기울었다.[68] 게다가 때때로 장관을 연출하기도 하는 나비의 전투는 특별

---

68 같은 책, 10장, p. 402. "대다수 사슴벌레 그리고 아마도 다른 수많은 곤충 종의 큰턱은 싸움에 유용한 무기처럼 사용되지만, 그 턱의 커다란 크기는 그런 식으로 설명할 수 없다. 우리는 북아메리카의 루카누스 엘라푸스가 암컷을 붙잡는 데 이 턱을 사용하는 장면을 목격했다. 이 턱이 그토록 눈에 띄고 멋있게 자랐다는 점, 그리고 그 크기 때문에 무언가를 붙잡는 데는 그다지 적합하지 않다는 점을 감안할 때, 이 기관이 그 외에도 장식으로 사용될 수 있는 것이 아닐까 하는 생각이 들었다. 앞서 서술했던 다양한 종의 머리에 난 뿔이나 혹부처럼 말이다. 같은 과에 속한 멋진 풍뎅이과 벌레인 남아메리카 칠레의 그란티사슴벌레 수컷은 극도로 발달한 큰턱을 지니고 있다. 이 곤충은 대담하며 호전적이다. 위협을 받으면 표변하여 커다란 턱을 여는 동시에 거센 소리로 찌르륵거리며 울어댄다. 그러나 그 턱은 내 손가락을 물어도 제대로 된 고통을 야기할 만큼 충분히 강하지 않았다."

한 무기의 소유 여부와는 상관없이 실행된다. 산란기의 연어는 갈고리 모양의 아래턱이라는 일시적인 방어 수단을 이용하여, 때때로 치명적이기까지 한 싸움에 전념한다. 거북이와 도마뱀도 예외가 아니며, 오직 뱀만이 그러한 싸움을 하지 않는 듯 보인다. 이 점을 다윈은 뱀의 낮은 지능 탓으로 보았다. 대체로 평화적인 새들조차 부리, 발, 날개를 가지고 싸우며, 때로는 순계류鶉鷄類 수컷의 발을 장식하는 며느리발톱 같은 특수한 장치를 발달시키기도 한다. 이 며느리발톱은 일부다처종에게서 더 흔히 발생한다. 그렇지만 다윈은 암컷이 언제나 승리한 수컷에게만 호감을 보이는 것은 아니라는 점에 주목했다. 그는 실제로 젊은 고생물학자 블라디미르 코발렙스키(1842~1883)와 유럽 뇌조에 관해 나눈 개인적인 연락을 통해 "스코틀랜드의 암사슴 대부분이 가끔 그러듯이, 더 나이 든 수탉의 싸움판에 감히 끼어들 엄두를 내지 못하는 젊은 수컷과 암컷이 짝을 지어 슬쩍 사라지는 경우가 있다"는 확신을 얻었던 것이다.[69] 수컷 간 싸움이 가장 자주 목격되는 경우는 주로 포유류이며, 이는 특별한 '무기'의 소유 여부와는 상관없다. 다윈은 산토끼, 다람쥐, 비버, 파타고니아의 과나코[야생 라마의 일종], 바다표범, 향유고래, 사슴, 코끼리, 황소, 야생마 등을 예로 든다. 또한 영양, 사향사슴, 낙타, 말,

---

69 같은 책, 13장, p. 473. 다윈의 『사육 재배되는 동식물의 변이』 13장, 러시아 뇌조들의 치명적인 싸움에 관한 부분 또한 참조하라. 그 직후에 다윈이 인용한 알프레트 브렘에 따르면, 독일에서는 "블랙테트라는 소형 열대어는 싸움에 너무나 열중한 나머지 귀도 먹고 눈도 보이지 않을 정도였다. 하지만 뇌조는 그보다 더한데, 같은 장소에서 한 마리씩 죽어나가거나 심지어는 맨손으로 잡을 수 있을 정도였다."

멧돼지, 일부 원숭이, 바다표범, 바다코끼리의 송곳니, 인도코끼리와 듀공의 앞니, 혹은 일각돌고래의 '뿔', 즉 과도하게 발달한 왼쪽 윗니, 오리너구리의 발뒤꿈치의 독 발톱이 유독 발달했다는 사실을 언급한다. 그가 이처럼 영구적이거나 일시적인 구조에 부여했던 해석에서 눈에 띄는 점은, 이 구조의 기능적 중복 결정을 또다시 주장했다는 점이다. 앞서 언급한 항목 각각 모두, 전투 시의 유용성을 중시하여 유난히 발달한 듯한 기관에 별도의 용도가 존재한다는 것이다. 여름이 끝날 무렵이 되어 봄에 잃었던 뿔이 새로이 자라나면 다 자란 수사슴들은 울부짖을 준비를 하는데 이는 짝짓기 전에 진행되는, 수컷 간 싸움에 초대하는 일종의 도발이다. 이 시기에는 뿔의 크기가 연간 최대치에 도달하며 사슴의 나이에 따라 뿔의 발달 양상과 형태, 밀도가 각기 다르다. 다윈은 이 사슴뿔이 놀라운 무기라고 인정했지만, 좀더 단순하고 뾰족한 형태가 공격과 수비에 훨씬 더 유용하리라는 점을 지적했다. 반면 부피가 크며 복잡한 가지 형태의 뿔은 다양한 경우에 때때로 치명적인 핸디캡으로 작용할 수 있다. 잡목림에서 움직일 수 없게 되거나 전투 시 빠져나오기 어려울 정도로 복잡하게 얽힐 때가 있다. 이 후자의 경우는 서로 얽혀 있는 사슴 백골이 발견되며 입증되었다. 일부 영양이 지닌, 리라처럼 불룩하고 조화로운 형태의 뿔 역시 같은 위험성을 지녔다. 여기서 다윈은 이러한 속성의 이중적 기능, 즉 전투와 장식이라는 가설을 끌어냈다. 말하자면 이처럼 눈에 띄는 형태는 전투 혹은 포식자로부터 방어 시의 이점과 미적 존재감 사이의 잠재적인 충돌을 구

현하는 셈이다.[70]

이에 관해 다윈은 유명한 사례인 극락조 수새를 비롯하여 수많은 수새가 혼례의 몸치장인 기다란 장식용 깃털을 얻음으로써, 때로는 나는 것이 어렵거나 불가능해질 정도의 상당한 무게 증가, 그 결과 포식자와 마주했을 때의 취약함, 민첩성의 전반적인 감소라는 대가를 지불해야 했음을 상기시켰다. 그러므로 성선택은 다른 두 방향, 심지어는 이따금 상반된 두 방향으로 작용할 가능성이 있다. 수컷에게 장식으로 사용되기도 하는 '무기'를 선택하거나(사슴처럼), '무기'와 무관하게 오로지 장식적 속성만을(새의 혼례 몸치장처럼) 발달시킬 수 있다. 전자의 경우 그 장식적 기능이 생존에 불리하거나 전투적 용도를 복잡하게 할 수 있으며, 후자의 경우 사랑의 경쟁자 가운데 자격 계급을 높여주는 한편 도망치거나 싸울 때 치명적인 악조건으로 작용할 수 있다. 이 두 경우 미의 선택은 전반적으로 자연선택의 작용으로 간주되는 생존 가능성의 최적화와 상반된다.

---

70   같은 책, 17장.

욕망, 이타주의, 희생

/

따라서 아름다움은 치명적일 수 있다.

다윈은 구애 기간 동안 수컷의 특정한 이차성징 강화를 가리키는 데에 미美라는 용어를 사용한다. 이러한 그에게 가해진, 흔히 '신인동형론'[인간의 형상으로 신성을 표현하는 관점]적인 비난은 오직 인간만이 이처럼 절정에 달한 감성적 특징을 감정적·지능적으로 판단할 수 있다는 생각과 연관된 것이 분명하다.[71] 우리는 이러한 비난의 어리석음을 지각하는 동시에 그것의 무의식적인 신학적 뿌리를 이해하게 된다. 다윈에 따르면, 애초 자연적으로는 그 어떤 특기도 지니지 않았지만 사회성, 지능, 공감 같은 몇몇 능력을 유례없을 정도로 지녔던 인간에 관해 말하자면, 아름다움이라는 인간적 감정에는 동물적인 선례가 반드시 존재하며, 앞서 확인했듯 이러한 선례의 명확한 흔적이 포유류와 조류에게서 나타난다는 것이다. 따라

---

71   다윈은 이러한 비난에 관해 『인간의 유래』 13장에서 명쾌한 몇 줄의 문장으로 답한다. "청란은 깃털 빛깔이 선명하지 않은 만큼, 짝짓기의 성공은 커다란 깃털과 이를 장식하는 매우 세련된 문양에서 기인하는 듯하다. 암새가 색조의 아름다움이나 문양의 세련됨을 평가할 수 있다는 것이 완전히 말도 안 되는 일이라고 주장하는 사람들이 많을 것이다. 하지만 청란의 암컷이 거의 인간과 가까운 정도의 취향을 지녔다는 것은 경이롭지만 틀림없는 사실이다. 비록 하등동물의 분간 능력과 취향을 오해 없이 평가할 수 있다고 생각하는 사람이라 하더라도, 어쩌면 청란 암컷에게 이토록 정제된 미를 평가하는 능력이 있다는 사실은 부인할지도 모르겠다. 하지만 그렇다면 그는, 짝짓기 행위를 하는 동안 수컷이 취하는 독특한 자세, 자기 깃털이 지닌 놀라운 아름다움을 완전히 뽐내기 위한 자세를 취하는 데에 아무런 목적이 없다는 사실을 인정해야만 한다. 그리고 이는 나로서는 절대 인정할 수 없는 결론이다."(pp. 505~506)

서 동물의 '미적 감정'을 논한다는 것은, 개별적인 감수성의 기초가 되는 동일한 본질을 동일한 용어로 강조하려는 것 이상도 이하도 아니다. 또한 여기서 '미적 감정'이라는 명칭을 공통으로 사용하는 것은 바로 진화한 인간과 동물 사이의, 비록 서로 다른 정도로 발달하긴 했지만, 공통적인 특성을 설명하려는 시도다. 다윈은 신학자들과 이들의 자연주의 주석자들이 인간에게만 엄밀히 한정시키길 바랐던 것, 즉 합리적 지성, 도덕적 의식, 더 나아가 종교적 감정 같은 여타 행동적 특성, 능력, 자질에 대해서도 마찬가지 시도를 했으며 여기서 브라우바흐를 인용했다.[72]

다윈의 성선택 이론 분석이 제공하는 주요한 깨달음 중 하나는 죽음의 위험에 대한 것이자 짝짓기 상황에 결부된, 어쩌면 반의식적인 자기희생 성향에 대한 것이다.[73] 타자성을 향한 움직임으로 인

---

72 파트리크 토르, 『다윈과 종교(유물론으로의 전향)』, Paris, Ellipse, 2008 참조. "1871년에 『인간의 유래』는 이미 교회에 맞서서 생물변이론적인 돌이킬 수 없는 신성모독을 범했다. 바로 종교적 감정에 동물적 원기를 부여했던 것이다. 예컨대 이 책은 요한 하인리히 페스탈로치(1746~1827)와 다윈 자신에게 영향을 받았던 프리드리히 루트비히 바이디히 [1791~1837]의 학생 중 하나인 독일 교육학자 빌헬름 브라우바흐에게서 '개가 자기 주인을 신처럼 바라본다'는 생각을 차용해왔다. 한편 다윈은 잔디에 꽂혀 있는 파라솔이 바람에 밀려 움직인 방향을 바라보며 자신의 개가 미친 듯이 짖어대는 모습을 관찰했다. 그리고 이를 통해 침입자의 존재는 대다수 인간 종교의 시초가 되었던 자발적인 애니미즘과 정령숭배의 원시적 이미지를 제공한다는 추론을 할 수밖에 없게 되었다. 그런데 이후 살펴보겠지만, 이러한 애니미즘이라는 개념은 결론적으로 어느 인류학을 참조케 하며, 다윈은 역시 새로운 원칙을 기반으로 이 인류학을 확립하는 데에 큰 기여를 했다."

73 『인간의 유래』, 13장, p. 509 참조. "먹잇감이 풍부할 때에는 새들이 늘 번식하기 때문에, 수컷은 먹이를 찾을 때 이동을 방해하는 장식이 야기하는 불편함에 그다지 시달리지 않을지도 모른다. 그러나 반면, 이들이 훨씬 더 쉽게 맹금류의 희생자가 될 것이라는 데에는 의심의 여지가 없다. 마찬가지로 공작의 기다란 꼬리, 청란의 꼬리와 큰 날개깃은 숨어 있는 살쾡이류에게, 그것을 지니고 있지 않을 때보다 훨씬 더 쉽게 당하도록 만들어주는

정되는 '이타주의'가 최초로 발현된 형태인, 짝짓기 상대 추구라는 행위가 자기선호 경향의 승인된 포기를 불가피하게 이끌어냈던 것처럼 말이다. 이러한 포기를 다윈은 이 장의 초반에서 다루었던 가역적 효과의 논리와 인간 문명의 조건 자체를 결속시킴으로써 정의했다.

자연선택이 죽음을 모면하게 해주는 구조와 본능을 발달시켰다면, 반대로 성선택은 미와 유혹, 위험 사이의 방정식을 수립하며 목숨을 노출할 수 있는 신체적이며 행동적인 부속 기관을 발달시켰다. 하지만 이러한 역전 현상은 자연선택에 내재된 것인데, 성선택은 앞서 보았듯 최종적 결정 인자인 생존 이익에 필연적인 제약을 궁극적으로 따르기 때문이다. 그러는 한편, 자연선택의 보충물 혹은 보조물인 성선택은 자연선택에 우연히 돋아난 새싹이자 마구 갈라지는 새순, 때로는 부산스럽고 모순적인 잔가지와 같다. 성선택은, 그것이 의식적이고 자발적인 행동의 원기를 스스로 내포하고 있듯이, 도덕법칙 중 이타적 희생의 특징이 되는 의식적이고 자발적인 발현에 이르기도 전부터 이미 이타적 희생의 초기 단계를 포함한다. 그리고 앞서 인용한 단락에서 다윈이 이 점을 분명히 강조했다는 점은 이 사실을 폭넓게 뒷받침한다. 자연선택이 전반적으

─
것이 분명하다. 또한 수많은 수새의 화려한 색깔은 온갖 적의 눈길을 끌지 않을 수 없다. 이를 통해, 굴드가 지적했던 것처럼, 이 새들은 마치 자신의 아름다움이 위험의 원인이라는 사실을 인식하기라도 한 듯 일반적으로 사나운 경향이 있으며, 어두운 색깔에 상대적으로 순한 암컷이나 아직 장식이 없는 어린 수컷보다 이 다 자란 수새를 발견하거나 다가가는 일이 훨씬 더 어렵다는 결론을 내리게 된다."

로 필요의 논리에(따라서 오로지 생존의 논리에) 복종했던 반면, 자연선택을 연장하며 그에 통합되는 성선택은 욕망의 기초적 논리에 복종했다. 이 욕망의 논리는, 그것이 이타주의의 놀라운 초기적 발현(짝짓기 상대를 쟁취하려는 노력)과 개체적 희생 및 죽음의 가능성을 일치시켰다는 사실을 고려한다면, 앞서 필요의 논리를 일부 뒤집은 셈이다. 이는 도덕법칙과 그것의 영웅적인 이상에 대한 자발적인 복종(다른 이들이 보는 아래 대의를 위해 죽는 것)의 본질적인 특성을 보여준다고 강조하는 편이 바람직하겠다. 수컷은 전투나 과시 중에 목숨이 위태로워지는 한편, 암컷은 새끼를 부양하고 보호하며 양육하는 과정에서 눈에 덜 띄는 지속적인 방식으로 목숨을 위협받는다. 이 같은 암컷의 직무는 상대적으로 눈에 잘 띄지 않는 색깔과 어울리며, 암컷의 색은 일반적으로 수컷보다 훨씬 더 흐릿하기 때문에 덜 노출된다. 인간의 문명 가운데서 호전적 가치와 가정적 가치가 성별로 분류되는 것은 바로 여기서 그 원인을 찾아볼 수 있다. 보호라는 실질적인 절대명령에 기반을 둔 이 가치들은 모든 도덕규범의 명백한 근거이자 주제다. 보호란 극도로 이타적인 행동이며, 보호를 행하는 주체는 위험에 노출된다. 수컷은 가족 집단의 차원에서 이러한 직무를 확실히 하며, 더 나아가, 인간과의 계통발생학적 근접성 때문에 다윈에게 귀중한 사례인 원숭이는 훨씬 더 높은 차원의 보호 기능을 보장한다. 그러나 암컷은 자기 새끼에 대해서만 이 기능을 보장하는데, 이로 인해 때로는 암컷 역시 '영웅적' 방식으로 위험에 노출되기도 한다. 아리스토텔레스는『동물론』(9권 8

장)이라는 저작에서 사냥꾼의 관심을 새끼와 둥지에서 돌려 자신에게 향하게 하고자 일부러 부상당한 척하는 자고새의 일화를 언급했다. 라퐁텐도 그러한 행동에 관하여 상당한 관심을 보이길 잊지 않았다.[74] 이를 일종의 '자가의태automimicry'와 동일시하는 미셸 불라르는 마도요나 물떼새처럼 지면에 둥지를 트는 새에게서 이런 행동이 종종 나타난다고 지적했으며, 자신이 직접 마다가스카르 쏙독새의 행동을 관찰하기도 했다.[75] 암컷 역시 사랑 때문에 위험에 처하는 것이다.

74 동물은 자신의 희생에 대해 생각하고 심지어 계산할 수도 있다. 그것이 라퐁텐이 『사블리에르 부인에게 전하는 이야기』(1678, 라퐁텐 우화집 9권, 20번째 우화)에서 데카르트에 맞서서 설명하고자 하는 바이다.
"어미 자고새가 자기 새끼를 보았을 때
새끼는 갓 돋아난 깃털 하나뿐인 몸으로 위험에 처해 있었다
죽음을 피해 하늘로 달아날 수 없는 모습이었다
어미 자고새는 날개를 질질 끌며 상처 입은 시늉을 한다
사냥꾼과 사냥개의 이목이 자신에게로 쏠리도록
위험의 방향을 돌려 자기 가족을 구하도록
그리고 이윽고, 자기 개가 자고새를 붙잡을 거라고 사냥꾼이 믿는 순간
자고새는 작별을 고하고 하늘로 날아오르더니 웃음을 터뜨린다
혼란에 빠진 사냥꾼은 눈으로만 헛되이 새를 쫓는다"
75 미셸 불라르, 「자가의태: 겉모습의 생물학적 형상」, Travaux de l'Institut Charles Darwin International, 출간 준비 중.

암컷, 여성, 문명의 진보

/

바로 이 부분이 다윈에 관련된 또 다른 고정관념을 없앨 곳이다. 왜냐하면 텍스트에 대한 몰이해에 입각한, 오늘날 상상하기 어려울 정도로 끈질기고 진부한 주장이, 다윈에게 우월하고 지배적인 성별은 남성이라고 전제하며 다윈의 인류학 저작을 성차별주의적이라고 비난하고 있기 때문이다. 이러한 서열화에는 당연히 여성이 지닌 열등성의 자연주의적 정당화가 야기하는 모든 영속적 효과가 내재되었다면 말이다. 그러나 다윈은, 자신의 논리에 다시금 추가되어 그러한 비난의 단서를 제공할 만한 문장을 단 한 줄도 쓴 적이 없을 뿐 아니라 오히려 정반대의 입장을 지지했고 그에 대한 논거를 제시했다.

인종주의와 마찬가지로, 성차별주의는 생물 불변론이다. 생물 불변론이 내세우는 자연은 있는 그대로이며 변하지 않는다. 인종주의자는 그가 업신여기는 인종이 언젠가 사라지지 않고서야, 더는 열등한 존재가 아닐 수 있다는 사실을 상상조차 하지 못한다. 마찬가지로, 성차별주의자는 여성에게 당연히 부과된다고 여겨지는 조건에서 여성이 언젠가 벗어날 수 있다는 생각을 규탄한다. 하지만 다윈은 완전히 그 반대의 내용을 구상했고 설명했다. 이러한 논증에 할애된 첫 번째 설명으로서 여기서 인용하고 논평해야 하는 『다윈주의 사전』의 '여성' 항목은 다윈의 전개를 따라감으로써, 그리하여 남성의 실질적인 지배를 문명의 진보에 따라 가역적 기제에 굴복한 진화 현상으로 공식 인정함으로써 이 사실을 밝혀냈다. 여기서 이러한 논증은 다윈주의 인류학의 놀라운 일관성을 이해하는 데에 필수다.

인류의 양성 간 차이라는 문제는 『인간의 유래』 19장과 20장에서 다루어졌다. 그러므로 여기서는 이 두 장에서 전개되는 논거를 한발 한발 따라가되, 그것이 기여하는 더 폭넓은 논증의 영역에 그러한 전개를 제대로 포함시키는 기본적인 책임을 다하도록 하겠다. 몇 문장만 외따로 인용하길 즐기는 이들은 이런 기본적인 책무를 종종 무시하곤 한다. 어쨌든 여기서 말하는 논증이란 포유강哺乳綱에서 성선택의 진화적 경향에 관한 논증이다.

즉, 남성의 '우월성'에 존재하는 진화적 근원을 발견하기 위해 우선 양성 간의 신체적·정신적·행동적 차이를 분석하는 것을 말한다.

인류의 성적이형性的異形[같은 종이면서 암수의 형태가 서로 다른 생물의 경우]은 육체와 정신이라는 이중의 영역에 자연스럽게 포함된다. 다윈은 해부학자들의 관찰 및 측량 결과에 의거하여, 양성 간 단순한 차이의 특징을 비롯하여 남성의 우월성을 설명해주는 특징을 열거한다. 남성은 몸집이 더 크고 무게가 더 많이 나가며 더 강하고 근육질이라는 것이다. 더 각진 어깨를 지녔으며, 샤프하우젠이 강조한 근육 발달과 눈썹 돌출 간의 상관관계 때문에 안와상부의 아치 형태가 더 두드러졌다. 남성의 몸과 특히 얼굴에는 털이 더 많이 나며 목소리가 더 크다. 심리적 형질은 전반적으로 이러한 해부학적 계층 구조를 따르는 것으로 보인다.

남성은 여성보다 더 용감하며 호전적이고 정력적이며 창의성을
지니고 있다. 절대적 수치로 보면 남성의 뇌가 여성의 뇌보다 더
크지만, 내가 알기로 몸과의 비율을 고려하더라도 여전히 더 큰
지는 완전히 확립되지 않았다. 여성은 얼굴이 더 둥글며 턱과 머
리 하관이 더 작다. 몸의 윤곽이 둥그스름하며 특정 부분이 돌출
되어 있다. 여성은 남성보다 골반이 훨씬 더 크다. 하지만 이러한
특징은 이차성징이라기보다는 일차성징으로 간주될 수 있다. 여
성은 남성보다 더 어린 나이에 성숙해진다.[76]

남성의 힘이 지닌 명백한 우월성은 영장류에게서 관찰되는 힘의
우월성과 현저하게 유사하며, 척추동물에게서는 주요한 규칙에 해
당하는 듯 보인다. 이 같은 우월성은 자연선택과 성선택 모두에 좌
우된다.

남성이 여성보다 키가 더 크고 힘이 세다는 사실, 그와 동시에 더
넓은 어깨, 더 발달한 근육, 더 투박한 몸의 윤곽, 용기와 호전성
모두 그들의 조상인 반인반수 수컷에게서 대체로 물려받았다는
사실에는 의심할 여지가 없다. 그러나 이러한 형질은 인간이 원

---

76 『인간의 유래』, 19장, p. 676.

시적 삶을 영유했던 기나긴 시간 동안, 더 강하고 대담한 자들이 일반적인 생존투쟁과 배우자를 얻는 싸움 모두에서 승리함으로써 보전되었을 뿐 아니라 심지어 증대되었던 것이다. 이러한 승리 덕분에 이들은 덜 유리했던 형제들보다 더 많은 자손을 남길 수 있었던 것이 분명하다. 이처럼 더 강력한 힘을 남자가 자신 및 가족의 존속을 위해 이행해야 하는 노동, 여성의 노동보다 더 고된 노동의 유전적 효과로 인해 처음부터 획득했을 리는 없다. 왜냐하면 모든 미개 부족 국가에서 여성은 남성만큼 고되게 노동하도록 강요당하기 때문이다. 문명화된 민족의 경우, 여자를 차지하기 위한 싸움이라는 시련은 오래전에 사라졌다. 또 한편으로, 남자들은 일반적으로 자신과 아내의 공동 존속을 위해 여성들보다 더 고되게 일해야 하며, 그렇기 때문에 그들의 더 강력한 힘은 보전될 것이다.[77]

당장으로서는 자연선택과 성선택이 전혀 상반되지 않으며, 여기서는 일치하는 모습을 보인다. 이는 대형 포유류와 대형 영장류에게서도 마찬가지로 보이는 만큼, 성선택은 아마도 양성의 심리적 형질 및 지적 능력 간에 차이점을 구축하는 데에 폭넓은 역할을 하는 듯하다. 다윈에 의하면, 사고와 이성, 심원한 상상, 혹은 감각과 손의 단순한 기술적 사용을 요하는 분야에서 남녀 간의 성과를 비

---

77 같은 책, 19장, p. 682.

교해보면 남성의 결정적인 우위를 확립하게 될 것이다.

시와 미술, 조각, 음악(작곡과 연주를 모두 포함), 역사, 과학, 철학의 분야에서 가장 탁월한 남성과 여성을 분야마다 각각 여섯 명 정도 추려 목록을 만들어보면, 이 두 목록은 비교 대상이 되지 못할 것이다. 우리는 골턴의 『유전되는 재능』이라는 저작에서 너무나 잘 설명되었던 평균편차의 법칙에 따라 다음과 같이 추론할 수 있다. 만일 수많은 분야에서 남성이 여성보다 확실히 탁월하다면, 남성의 평균적인 지적 능력은 여성의 그것보다 필연적으로 우수할 것이 분명하다.[78]

다윈은, 수컷 포유류에서부터 '인류의 조상인 반인반수 수컷과 원시인'까지 모두 지배하는 싸움의 법칙이 암컷을 차지할 가능성을 오랫동안 좌우해왔다는 점을 상기시켰다. 그렇지만 지속적이며 다양하게 실현될 가능성이 있는 용기와 참을성, 결단력, 호전성을 비롯하여 지적 능력에 해당하는 우월성에 연관된 이 싸움에서 신체적 우월성이 우세할 수 없음을 강조했다.

---

[78] 같은 책, 19장, p. 683. 지나가며 한 가지 지적해보자면, 다윈과 골턴 간에 존재하는, 혹은 잠시간 존재했던 친분과 학문적 연관성을 고려한다면 골턴의 통계적 연구를 차용하는 것은 다윈에게 이례적인 경우가 아니었다. 그렇지만 이는 우리가 앞서 밝혔듯, 다윈이 골턴의 우생학적 입장에 동의한다는 의미는 절대 아니다. 다윈은 약자의 갱생을 문명의 상징이라고 보았으며, 다시 한번 반복하자면, '우리 본능의 가장 고결한 부분'이라고 표현했다.

사회적 동물의 경우, 젊은 수컷은 적어도 한 번 이상의 싸움을 거쳐야지만 한 마리의 암컷을 얻을 수 있다. 그리고 더 나이 든 수컷은 되풀이되는 싸움을 대가로 자신의 암컷을 지켜야 한다. 또한 인간의 경우, 남성은 온갖 종류의 적으로부터 여성과 자손을 지켜야 하며, 공동 생존을 위해 사냥해야 한다. 그러나 적을 피하거나 성공적으로 공격하고, 야생동물을 붙잡고, 무기를 제작하는 이 모든 것은 관찰력, 이성, 창의력 혹은 상상력 같은 고차원적 지적 능력의 협력을 필요로 한다. 이러한 여러 능력은 남자가 나이를 먹음에 따라 끝없이 시험받으며 선택의 과정을 거칠 것이다. 게다가 삶의 기간 동안 계속하여 사용됨으로써 능력은 더욱 강화될 것이다. 결국, 종종 내세웠던 원칙에 따라, 적어도 이 능력들이 성년기의 남성 자손에게 주로 유전되는 경향을 보일 것이라고 기대할 수 있다.

그런데 모든 지적 능력의 완성도가 동일한 두 남자, 혹은 한 남자와 한 여자가 경쟁할 때, 둘 중 한 사람이 더 많은 기력과 참을성, 용기를 지녔다면 보통은 그가 모든 분야에서 더욱 두각을 나타내어 후손을 남길 것이다. 우리는 그가 재능을 지녔다고 말할 수 있는데, 이 분야의 권위자에 따르면 재능은 곧 끈기이며 이런 의미에서 끈기란 결연하고 굽히지 않는 참을성을 의미한다. 그러나 재능에 관한 이러한 관점은 불완전할지도 모른다. 왜냐하면 많은 분야에서 상상력과 이성의 고차원적 능력 없이는 그 어떤 탁월한 성공도 이루어낼 수 없기 때문이다. 이러한 능력은 앞서 말했던 능력과 마찬가지로 일부는 성선택, 즉 경쟁자 수컷 간의 대결을 통해, 일부는 자연선택, 즉 일반적인 생존투쟁의 승리를 통해 남성에게서 발달될 것이다. 그리고 두 경우 모두 투쟁은 성년기 동안에 이루어질 것이므로, 이렇게 얻은 형질은 암컷 자손보다는 수컷 자손에게 더 완전하게 전달될 것이다. 이는 성선택에 의한 인간의 지적 능력의 변화 및 강화에 관한 관점과 놀라울 정도로 일치한다. 우리가 잘 알고 있듯, 성선택은 첫째로 이 지적 능력이 사춘기에 어마어마한 변화를 겪길 요하며, 둘째로 거세된 남자의 경우 이 동일한 능력이 일생 더 열등한 채로 머무르길 요한다. 이렇게 하여 남성은 결국 여성보다 우월해졌던 것이다. 포유류는 형질의 양성 동일 유전법칙이 지배적인데 사실 이는 다행스러운 일이다. 그렇지 않았다면 수컷 공작새가 암컷 공작새보다 훨씬 훌륭한 장식용 깃털을 지닌 것처럼, 정신적 측면에서 남성이 여성보다 일종의 천부적 재능 덕분에 더 우수해졌을 터이니 말이다.[79]

그러므로 남성에게 상상력과 이성의 작용인 '창의적 재능'은 선택 작용에 힘입은 대상이며, 이러한 선택 작용은 경쟁자 수컷 간의 경쟁에 기반을 둔 성선택 혹은 전반적인 생존투쟁의 성공을 결정하는 자연선택에서 유래한다. 실제로, 오직 남성만이 외부적 위험으로부

---

79 같은 책, 19장, p. 684.

터의 보호 및 공동체 내 성적 경쟁이라는 두 가지 전장戰場에 유난히 노출된 만큼, 여기서 두 가지 방식의 선택이 서로 일치하고 있음에는 두말할 나위가 없다. 그런데 다윈은 "두 경우 모두 투쟁은 성년기 동안에 이루어질 것이므로, 이렇게 얻은 형질은 암컷 자손보다는 수컷 자손에게 더 완전하게 유전될 것"이라고 강조했으며, 그 결론은 단순명료하다. "이렇게 하여 남성은 결국 여성보다 우월해졌던 것이다."[80] 진화에서의 남녀 관계에 관한 다윈의 논증 중 첫 번째 부분을 마무리하는 이 문장은 본래의 논증적 맥락에서 분리되어 우리가 앞서 '외따로 인용하는 방식'이라고 명명했던 상태가 된 채, 다윈의 이론이 소위 성별 간 위계질서를 확립시켰다는 맹렬한 공격에 자양분을 제공했다. 이제는 다윈의 논증 중 두 번째 부분을 살펴봐야 한다. 대부분의 주해자는 이 부분에 관해 일언반구조차 하지 않으며, 이 부분은 다윈이 포유류 내부의 '형질의 양성 동일 유전법칙'이라는 표현으로 언급했던 내용과 근본적인 논리적 관계를 맺고 있다. 우리가 1996년에 설명했던 것처럼, 이 '법칙'은 모든 단계의 생물의 이차성징에 관한 다윈의 체계적 연구에서 기인했으며, 더 높은 단계의 생물일수록 한쪽 성별의 놀라운 형질이 다음 세대에는 다른 성별에게 유전되는 경향을 보인다고 밝혔다. 바로 앞장(18장)을 끝맺는 '요약'의 말미에서 이러한 법칙은 다시금 상기되었다.

---

80 같은 책, 19장, p. 684.

색과 여타 장식과 관련하여, 형질의 양성 동일 유전법칙은 조류보다도 포유류에게서 훨씬 더 폭넓게 지배적이었다. 그러나 뿔과 어금니 같은 무기는 종종 수컷에게만 유전되거나, 암컷보다는 수컷에게 훨씬 더 완벽하게 유전되었다. 이는 놀라운 현상인데, 왜냐하면 수컷은 보통 온갖 적으로부터 자신을 지키기 위해 무기를 사용하며 이 무기는 암컷에게도 동일하게 사용될 수 있기 때문이다. 우리가 판단 가능한 선에서는, 암컷에게 이 무기가 존재하지 않는 것은 그것이 지배적인 유전 형태이기 때문이라고밖에는 설명할 수 없다. 마지막으로, 사족류의 경우 동성 개체 간의 충돌은 평화로운 충돌이든 유혈 낭자한 충돌이든 굉장히 드문 경우만을 제외하면 수컷에게 한정되었다. 그래서 사족류 수컷은 자기들끼리 싸우기 위해서든, 암컷을 유인하기 위해서든, 암컷보다 훨씬 더 자주 성선택으로 변화되었다.[81]

따라서 수컷은 무기와 매력이라는 이중의 혜택을 누리게 되었다. 그리고 바로 이곳이, 매력의 영역에서 작용하는 성선택에 따른 이익이 무기의 투쟁적 용도에 유리하게 작용하는 듯 보이는 이익과 자주 대립한다는 사실을 떠올릴 지점이다. 때로는 치명적인 이러한 대립의 가장 괄목할 예는 앞서 보았듯 몇몇 수새의 '혼례의 몸치장'으로 인한 일시적인 무게 증가다. 이 몸치장은 새가 날아오르는

81 같은 책, 18장, pp. 671~672.

것을 방해하여 도피 가능성을 낮춤으로써 해당 새를 종종 포식자의 손아귀에 놓이게 만들며, 직접적 대결 상황에서 통상적인 능력을 발휘하는 일을 방해한다. 장식이란 다른 성별에게 일종의 가치 보장으로서 제공되는 요소이거나, 구애 기간 동안 강력한 힘의 상징으로 과시하는 대상, 혹은 자신의 힘이 성적 매력을 갖추도록 단순한 뽐내기용으로 덧붙인 요소다. 장식은 삶을 역전시키고 목숨을 위태롭게 할 수 있는 부가물로, 눈에 띄는 신체 표면에 일종의 광고 문처럼 달고 있는 것이다.

상징계의 자립

/

이처럼 미의 과시는 상징적인 과시의 원시적·생물학적·행동학적 형태다. 여기서의 상징적인 과시란 이목을 끌고 영향력을 행사하며 욕구를 자극하는 반면, 상대를 기만할 수도 있고 사실과 다르거나 결함이 있는 진실을 감출 수도 있다. 기표記標는 자립하여 스스로에 의해, 스스로를 위하여 유효하게 되며, 기표가 알리는 현실을 벗어나고 넘어서서 유혹과 지배력의 순수한 질서에 따라 작용한다. 13장에서 발췌한 두 인용문은 여기서 다윈이 상징계와 그 운명의 생물학적 기원의 이론화에 얼마나 근접했는지 이해하게 해줄 것이다.

수컷 청란의 경우는 굉장히 흥미로운데, 왜냐하면 가장 정제된 아름다움이 성적 매력으로 작용하는 것 외에는 다른 목적이 없을 수 있다는 훌륭한 증거를 우리에게 제공하기 때문이다.[82]

구애 기간 동안 한껏 부푼 수컷 주계珠鷄의 화려한 파란 볏을 본 적 있다면, 그것이 추구하는 목적이 아름다움 그 자체라는 사실을 단 한 순간도 의심할 수 없을 것이다. 우리가 앞서 인용한 사례들은 수새에게 깃털과 여타 장식이 가장 중요하다는 사실을 분명히 보여준다. 그리고 때로는 아름다움이 전투의 승리보다 훨씬 더 중요하다는 사실 역시 확인해준다.[83]

처음에는 유용성의 단순한 부속물이자 그것에 동반되고 연속선상에 놓여 있던, 힘의 자연적 기호였던 미가 미 자체를 위해 발달될 수 있게 된 셈이다. 그리하여 하나의 구조 속에서 과진화적[진화 과정에서 생물의 어떤 형질이 그 생물에 불리할 정도로 지나치게 발달하는 현상] 발달로 구현된 '기호' 자체가 그것이 의미하는 내용보다 타자와의 관계에서 더욱 중요해진 만큼, 기호가 의미하는 내용(생명력)은 실제로 약화되어 그 정반대(쇠약, 취약함)의 영향 아래 사라져버릴 수 있다. '삶을 뛰어넘는다sur-vie'[survie는 생존을 의미함]는 약속은 그것의 과장된 형태 아래 죽음의 위험(생존 실패)을, 희생 가능

---

82 같은 책, 13장, p. 505.
83 같은 책, 13장, pp. 509~510.

성의 실질적인 감수를 감추고 있다. 그리하여 가역적 효과는 성선택 과정 내부에서 두 번째 실현을 경험하게 된다.

이처럼 유용성이 그것을 저버릴 수 있는 장식으로 돌변하는 논리는 상징적 과시 계통의 역사에 존재하며, 여기서 이 논리는 지배와 권력, 위신에 밀접하게 연관된 채로 남아 있다. 여기서 내가 이미 오래된 분석으로 되돌아가는 것은, 다윈이 성선택의 상대적인 자립성 획득을 보여주는 이론을 발전시킴으로써 상징적 영역 자립에 관한 생물행동학적 기초 전반에 무엇을 제공했는지를 더 잘 이해하게 해줄 것이다.

지금껏 해석의 대상이 되길 단연코 피해갔던 것으로 보이는 『인간의 유래』의 주요 주장은 다음과 같다. 특히 곤충의 경우, 전투가 표면상의 이유였던 수컷의 '무기'는, 본래의 생물적 용도를 대체하는 장식적 용도가 성선택의 차원에서 이 무기의 이익을 전복시킬 때, 앞서 말한 전투라는 용도가 상대적으로 폐기되어야만 특유의 비대한 발달을 경험할 수 있었다. 여기서는 이 현상을 상징적 이익의 자연적인 초안으로 분석하는 편이 바람직하며, 결국 인간의 역사야말로 이와 가장 명백하게 유사한 사례를 제공한다는 것이 내 의견이다.

사실상 유용성을 장식으로 탈바꿈시키는 개량에 관한 이론적 선례가 있다면, 그것은 바로 18세기 들어 문자의 진화 연구에 매달렸던 상징형식象徵形式의 역사학자들에게 존재하는 선례다. 이들 중 가장 유명한 영국 학자인 윌리엄 워버턴[84]은 이집트의 원시적인 상형문자에 관하여 이러한 도식을 매우 정확하게 확립했다. 본디 농사일의 여러 단계를 알리고자 표기된 단순하고 명백한 형태의 이집트 상형문자는, 더는 사용되지 않아 한층 '개량된' 형태에 자리를 내어주게 되었을 때, 일개 장식물 혹은 상징이 되었다. 인간의 상상력이 이 상형문자를 이상화된 다양한 권력의 현현, 우상숭배 혹은 장식적 물신화의 대상으로 만듦에 따라 그 본래의 의미는 흐려졌고 그 권력은 비대해졌던 것이다. 물론 다윈에게는 유용성의 원칙이 첫 번째이며 '장식적' 이차성징의 발달을 설명하는 원칙으로서 유지된다. 다윈은 수새가 구애 행동 시 깃털의 현란한 색깔을 뽐내는 행위는 아무런 이유도 의도도 없이 실현될 수 있다고 여러 번 되풀이했으며 이를 결론에서 다시금 되새겼다.(예컨대 14장 마지막 줄 참조)[85] 단연코 이 행위는 암컷이 호의를 보여 자신을 선택하도록 부추기기

---

84 『이집트 상형문자에 관한 에세이』(1738), 파트리크 토르 편집, Paris, Aubier, 1978.

85 『인간의 유래』, 14장, p. 551. "벨트는 흰목벌새의 아름다움을 묘사한 후 이렇게 단언했다. '나는 나뭇가지에 앉은 암새 한 마리와 그 앞에서 자기들의 매력을 뽐내는 수새 두 마리를 보았다. 그중 한 수새가 하늘로 대포알처럼 날아오르더니, 돌연 눈처럼 새하얀 꼬리를 뒤집힌 낙하산처럼 펼쳤고, 자기 뒷면과 앞면을 구석구석 보여주고자 빙그르르 몸을 돌리며 암새 앞으로 천천히 다시 내려왔다. 펼쳐진 흰 꼬리는 다른 어느 새보다 더 많은 공간을 덮을 법했고, 척 보기에도 이 공연의 클라이맥스가 분명했다. 수새가 내려오자, 다른 수새가 공중으로 날아올라 꼬리를 펼치고는 천천히 내려왔다. 이 광경은 보통 두 주인공 간의 싸움으로 끝나곤 한다. 그렇지만 나는 결국 암새에게 받아들여지는 것이 두 구혼자 중 더 아름다운 놈인지 더 사나운 놈인지 말할 수 없다.' 굴드는 흰호사벌새의 독특한 깃털을 묘사한 후 이렇게 덧붙였다. '나는 이 깃털에 장식과 다채로움이라는 것 외에 다른 목적이 없다는 점을 거의 의심치 않는다.' 이를 인정한다면, 우리는 오래전 가장 우아하고 가장 독창적인 장식물로 자신을 치장했던 수새들이 삶의 일상적 투쟁이 아니라 어떻게 다른 수새와의 경쟁 구도에서 이익을 획득하여 새롭게 획득한 아름다움을 물려줄 더 많은 수의 후손을 남겼는지 이해할 수 있을 것이다."

위한 것이다. 그러나 이로 인해 장식의 용도는 무기의 용도를 상당 부분 대체했고, 자연적 상징은 상징계의 임무를 거의 떠맡았다. 여기서의 상징계란 이미 생존에 엄밀히 관련된 유용성을 반박하는 역할을 하는 상징계를 말한다. 상형문자의 일차적 의미 상실에 관련된 우상숭배가 고대 이집트 최초의 실용적 기호가 지녔던 '단순하고 명백한' 용도를 방해하여 이 문자를 현실에서 유리되고 미신적이며 허상적인 용도로 전용轉用했듯 말이다. 사실상 상징계의 과도한 강조는 무분별로, 굴종으로, 패배로 혹은 죽음으로 이어질 수 있다. 아마 이것이야말로 다윈의 논리를 따라가며 인간과 조류 사이에 확립할 수 있는 가장 아름답고 심오한 유사점 중 하나가 아닐까 싶다.

왜냐하면 인간은 조류와 마찬가지로 아름다움을 높이 평가하기 때문이다. 여기서 다시 한번, 모두 인간적 영역에만 속한 듯 보이는 성향인 '아름다움을 좋아하는 취향' 혹은 '새로움을 좋아하는 취향'을 조류에 관해 논하는 행위를 대상으로 한, 진부한 인간 중심주의적 비난은 기각하도록 하겠다. 그런데 『인간의 유래』의 계보학적 논리는 이처럼 극도로 발달하고 개량된 인간적 성향이, 발현된 모든 적성과 마찬가지로 동물적 선례의 결실이기를 절대적으로 요한다. 이렇게 되면 사용된 용어에 관한 비난은 타당성을 완전히 잃어버리는데, 미적 성향이나 가치를 명명하는 데에는, 그것이 절정에 다다른 형태를 지칭하기에 적합하도록 인간이 만들어낸 용어 외에는 다른 것이 없기 때문이다.

다윈의 텍스트가 지닌 논리적 일관성은 또 다른 유사성 덕분에 한층 더 강력하게 나타난다.

자연상에서 유리한 변이의 선택 가능성을 논증하기 위해, 사육의 세계에도 그러한 선택이 존재한다는 것이 이미 입증되었음을 다윈이 호소했다는 점을 떠올려보자. 동식물에 적용된 인위선택은 생물체가 나타내는 생물변이의 선택 가능성을 스스로의 산물을 통해 증명함으로써 자연선택의 가능성을 입증한다. 즉, 육종사의 선별 작업이 존재하며 그에 관해 연구가 이루어진다는 사실은 이 모든 인위선택의 외부에도 자연적으로 작용하는 동일한 분류의 힘이 존재한다는 가설을 이끌어내는 셈이다. 그리고 바로 이때, 인구 압박에 관한 맬서스적 이념은 생존투쟁, 생존경쟁, 부적자의 도태를 통한 정원 조정이라는 필수적 개념을 도입했던 것이다.

성선택을 통하여 그리고 이를 설명함으로써 다윈은 유사 비교로 한발 더 나아갔다. 앞서 살펴보았듯 성선택은 결국 암컷이 행하는 선택에 좌우된다. 여기서의 선택은 암컷을 경탄하는 데에 몸 바치는 여느 수컷의 개별적인 아름다움에 대한 선호도이자 특별한 취향을 드러내 보이는 행위다. 그리하여 이렇게 가장 단순하고 자발적인 발현으로 제한된 성선택이, 자기 눈에 덜 돋보이는 다른 개체보다 상대적으로 더 선호하는 몇몇 개체를 번식용으로 선별하는 육종사들의 역시 단순하고 자발적인 선택과 유사하다는 점을 발견하게 된다.

모든 동물은 개체별로 차이를 보이며, 인간이 자기 눈에 가장 아름다워 보이는 개체를 선택하여 사육 조류종을 변화시킬 수 있는 것처럼, 가장 매력적인 수컷에게 유리하도록 암컷이 습성상 혹은 우연히 실행하는 선호 현상은 그 생물 종의 변화를 이끌어냈음이 확실하다. 그리고 이러한 변화는 그 생물 종의 존속과 양립할 수 있는 한, 시간이 흐름에 따라 서의 무한히 확상될 수 있을 것이다.[86]

여기서 나온 결론은 커다란 영향력을 지녔음이 분명하다. 고등동물에게서 암컷이 행하는 선택은 해당 생물 종의 존속 유지가 허용하는 한, 종의 개선에 핵심적인 요소다.(이는 성선택이 자연선택에 종속된 채로 남아 있다는 것을 다시금 의미한다. 자연선택은 지도적 기제로서 생존을 완전히 포기하지 않고서는 사라질 수 없는 것이다.) 게다가 이러한 선택은, 그것이 가장 아름다운 수컷이 펼친 유혹의 노력을 포상하는 암컷의 성벽을 표현하는 한, 미적 감정의 동물적이며 성적인 기원에 관한, 경우에 따라서는 '프로이트적인', 모든 차후의 연구에 뛰어들기를 요한다. 그리고 결국, 번식의 방향을 결정하는 육종사의 선택적 역할과, 번식의 특권을 지닌 상대에게 유리하도록 자신의 성향을 표현하는 암컷의 선별적 역할 사이의 유사 비교를 통해, '생물 종의 개선은 암컷이 자신의 선택을 표현하는 범위 내에서 좌우된다'는 사실을 함축한다. 기존의 선입견에 비추어보면 이는

---

86 같은 책, 14장, p. 529.

가장 예상치 못한 결론인 셈이다.

윤리의 지평과 양성평등

/

그렇다면 치장이 점점 더 여성의 전유물이 되는 듯 보이는 인간의
경우에는 무엇이 변한 것일까? 유성번식을 하는 대부분 생물 종에
게서, 짝짓기에서 수컷이 암컷의 선택에 종속되는 한, 치장이라는
위험천만한 특권을 노골적으로 지닌 것은 수컷이다. 그런데 인간은
여자가 남자를 선택하는 것이 아니라 남자가 여자를 선택하며, 그
러는 동시에 남자는 장식적 우월성에서 상대적으로 배제된다. 인류
의 규범이 남자가 선택하게 하는 데에 유리한 경향을 보이는 듯하
다면, 즉 다윈이 인용하는 여러 인류학자의 증언에 따르면 여성의
선택이 어느 정도는 영향을 미친다 하더라도 여성이 직접 선택하는
것이 아니라면, 장식적인 성징性徵의 선택은 오히려 여성에게 유리
하게 작용했음이 분명하며, 이에 따라 여성은 '남성보다 아름다워지
고' 장식에 더욱 노련해졌을 것이다. 그러므로 남성에게 유리하게
이루어졌던 유일한 선택은 물리적 힘, 인내, 용기, 지성 같은 '무기'
의 선택임이 틀림없었다. 그렇다면 여성이 지닌 이익은 오로지 아
름다움뿐인가? 『인간의 유래』의 19장에서 다윈은 바로 이 질문에

대답하며 인류에게서 나타나는 양성 간 차이를 규명하려 노력했다.

여성은 심리적 자질에서 남성과 달라 보이는데, 더 자애로우며 덜 이기적이라는 점이 그렇다. 그리고 이는 뭉고 파크의 여행기 중 잘 알려진 어느 대목이나 나른 탐험가들이 털어놓았넌 내용이 보여주듯이, 원시 부족에게서도 확인되는 사실이다. 여성은 특유의 모성본능 덕분에 자신의 어린 자녀에게 이러한 특성을 유난히 발현시킨다. 그러므로 여성이 이런 특성을 종종 자신의 동류에게로 확장시키는 경우도 있음직하다. 반면 남성은 다른 남성과 경쟁관계에 있다. 남성이 경쟁을 좋아하는 심리는 곧 야망으로 이어져 자기중심주의로 쉽게 연결된다. 이러한 특성은 남성이 태어나면서부터 갖게 되는 자연적이고 불행한 당위성인 것 같다.[87]

앞서 다윈의 인류학 및 진화의 가역적 효과에 관한 설명은 여기서 이 바로 위의 문장과 『인간의 유래』에서 공감 감정(혹은 본능)의 설명을 전개해나가는 문장들을 연결하는 구체적이고 섬세한 연결고리를 재구성한다. 다윈은 모성본능(가정적 본능의 일부인)이 여성 개인의 차원에서 사회적 본능의 심리적이고 행동적인 기반이 된다고 믿었다. 이러한 사회적 본능의 선택은 문명의 이타적 진보의 특징인 공감의 무한 확장을 야기한다. 포유류를 비롯하여 특히 양육

---

87   같은 책, 19장, pp. 682~683.

에 기초적인 교육이 동반되는 경우인 인간의 어미들이 지닌 이타주의는 무엇보다도 다윈이 다른 책에서 '우리 본성의 가장 고결한 부분'이라고 지칭했던 것의 근원이다. 이타주의란 약자의 약함이 지속되는 기간 동안 그를 돕고 보호하는 행위를 말한다.

이러한 논리의 연결 고리는 전적으로 하나의 뜻만을 지니며, 그것이 이루는 의미 속에서 파악 가능한 구체적인 구문(특히 여기서 반복되는 '자신의 동류에게로 확장시킨다'는 표현)을 문장 속에 배치하고 있다. 이 연결 고리가 지닌 일관성은 다음의 사실을 아주 분명하게 표면으로 드러낸다. 인류 진화 초기에 자신의 지배를 확고히 했던 남성의 자기중심주의는 문명의 보증수표나 다름없는 동화적 이타주의로 점차 대체되도록 되어 있으며, 여성은 이러한 이타주의를 자식에 대한 개인적인 본능에서부터 이미 지니고 있는 셈이다. 따라서 여성이 문명의 발전에 가장 적절한 본능을 특별히 지녔다는 점에 '양성 동일 유전법칙'이 덧붙여지면, 여성은 더 '고결한' 진화적 이익의 길로 접어들게 된다. 다윈은 여성이 능력 사용이나 지위에서 오래도록 열등한 처지에 있었더라도, 양성평등이 얼마든지 인류의 도덕적 진화 경향의 지평이 되리라고 보았다. 특히 여성은 약자의 구제, 보호, 자애로움을 비롯한 본능적이며 행동적인 형질에 윤리성이 내재되었으며, 다윈은 도덕적 완성이 진화된 경쟁의 주요 관건이라고 보기 때문에 교육을 통해 현재의 불평등이 완화되길 기대했다. 여기서 말하는 교육이란 아동이 유년기 시절에 받는 교육을 말하며, 『인간의 유래』의 결론 장은 문명화된 인류의 진화 전개에서 교육이 자연선택을 대체했다고 밝혔다.

여성이 남성과 같은 수준에 다다르려면, 성년에 이를 무렵 기력
과 인내가 단련되어야 하고, 이성과 상상력이 최대한 숙련되어야
한다. 여성은 대개 이러한 자질을 성년의 딸에게 주로 물려줄 것
이다. 그렇지만 여러 세대에 걸쳐, 앞서 언급된 견고한 가치에 뛰
어난 여성이 결혼하여 다른 여성보다 더 많은 자손을 남기지 않
는 한, 모든 여성이 이렇게 양육될 수는 없을 것이다. 앞서 물리
적 힘에 관해 말했던 것처럼, 비록 오늘날 남성이 더는 짝을 얻기
위해 싸우지 않지만, 그리고 그러한 형태의 선택이 시대에 뒤떨
어진 것으로 전락하기는 했지만, 남성은 성인이 된 이후 자신과
가족의 생활을 영위하기 위한 혹독한 투쟁을 견뎌낸다. 그리고
이는 남성의 지적 능력을 유지시킬 뿐 아니라 증대시킴으로써,
그 결과 현재의 양성 간 불평등을 유지시키고 심지어 심화시키는
경향을 보인다.[88]

따라서 교육의 교정적 개입을 통해 한쪽 성이 다른 쪽 성을 진화
적으로 따라잡는 셈이다. 인종 간의 평등과 마찬가지로, 양성 간에
평등을 획득하는 것이 가능하다는 주장은 다윈이 양성 간 불평등을
되돌릴 수 없는 생물학적 필연이라고 여겼다는 주장을 완전히 배제

---

88 같은 책, 19장, p. 685.

한다. 다윈은 '문명화된' 영역에서 모든 불평등은 교육으로 바로잡힌다고 보았다. 교육은 자연선택과 성선택(그렇지만 성선택은 구애 의식과 어린아이들에게 제공되는 보살핌을 통해, 과거의 우위를 뒤집기 위한 이타주의의 시초를 정착시켰다)을 통해 유지된 불평등에 대한 대책이며, 여성은 자애로운 본능과 획득된 지성을 통해 인류의 미래가 된다는 것, 이것이야말로 진화의 가역적 효과가 양성 간에 이르기까지 추구해온 교훈이다.

제4장

도덕의 기원

　　　　　　　　　　　　　그렇다면 다윈이 실행했던 조사에서, 문
명화된 인간의 도덕적 행동 발현에 특징이 되는 요소나 자질은 무
엇일까?

　앞에서는 도덕적 의식이 의무감과 동일시되며 선악의 내면적 구
분을 전제로 한다는 것을 살펴보았다. 이러한 구분은 개인이 이기
적이며 순간적인 욕망의 즉각적 충족을 향한 일시적인 충동보다,
사회적으로 유용하며 그렇기 때문에 집단 내 찬양의 대상이 되는
지속적 본능을 따르는 편을 택할 수 있느냐의 경험을 기반으로 한
다. 도덕적 의식은 다른 이를 위해 감수하는 죽음의 위험 혹은 집단
적 이상을 위한 자기희생마저 포함한다. 이제는 이러한 능력이 성
관계 및 생식 상대를 얻기 위한 경쟁을 통해 획득되는 능력과 분리

될 수 없다는 사실을 이해했을 것이다. 짝짓기 경쟁은 맞서 싸우는 것이 아니라 상대의 마음을 사로잡는 것에 관한, 타자성을 향한 최초의 자발적인 움직임이다. 그러므로 타자성은 대개 융합의 장소이자 지적 능력의 고도 발달단계인 가족 간의 상호 애정을 포함한 강력한 사회적 본능을 전제로 한다. 타자성은 농류와 교류하며 경험하는 기쁨에 뿌리를 두며, 그렇기 때문에 사회적 본능이 발달하여 만들어낸 즉각적인 산물, 곧 공감에 뿌리를 둔다. 타자성은 상호 조력과 상부상조를 내포한다. 타자성이 제정한 규칙(개인 차원의 즉각적 욕망보다는 지속적이며 사회적으로 유용한 성향을 추구하길 선호하는 일반 명령으로 요약되는)을 위반할 시, 타자성은 후회와 수치심, 뉘우침, 양심의 가책을 불러일으킨다.[89] 타자성은 타인의 의견과 일반적인 여론에 대한 관심을, 교육과 교양 안에서 공동체의 염원 및 의견에 대한 복종과 사회적 본능을 강화하는 습성을 기반으로 한다. 결국에는 모든 인간, 더 나아가 지각 능력을 지닌 모든 존재를 향한 동화적 행동의 무한 확장의 움직임을 포함한다.

우리는 또한 다윈이 논증하는 바의 주요한 목적이 인간의 도덕적 행동의 주요 특색에서, 이런 행동을 진화 과정의 결과, 즉 능력의 발달에 비견될 만하며 그에 연관된 '점진적 발달'의 결과로 생각하게 해주는 동물적 상관적 요소 혹은 유사점을 찾으려는 것임을 알

---

89 최소한의 수준에서는 뉘우침이나 수치심 혹은 단순한 후회와 마찬가지로, 양심의 가책은 지속성보다 일시성을 우선시했던 행위를 통해 의식 속에 남겨진 심리적 흔적이다. 이것이 바로 4장(pp. 212~213)에서 설명하는 바이다.

고 있다. 달리 말하자면, 도덕심 혹은 도덕적 의식이 만들어낸 도덕적 작용을 발현시키는 것은 인간이 즉흥적으로 만들어낸 산물이거나 인간만의 특권이 아니고, 문명화된 인간의 발명품도 아니며, 문화에 따라 다를 수 있는 초월적 인식의 산물은 더더욱 아니라는 것이다. 이는 번식적·가족적·공동체적 단위의 조직을 이루어 살기 때문에 고등동물에게서 나타나는 진화적 경향이 강조되거나 강화된 현상이다. 이러한 조직 형태는 영장류와 인간이 공유하는 공통조상에게 도덕적 행동이 존재했음을 필연적인 사실로 만든다. 이처럼 점차 더 비대해지는 조직 단위가 형성되는 데에 논리상 필수라고 판단한 본능에 관하여 다윈은 단순한 점층법을 사용한다. 즉 커플 형성의 시초에 성적·생식적 본능을, 가족생활 및 자손 양육의 조절 역할에 가정적 본능을, 훨씬 방대한 차원에서 부족과 국가, 인류의 대표자 간 관계를 통제하는 공감의 관리적 역할에 사회적 본능을 대치시키는 것이다. 이 사회적 본능은 과거의 선례에서 기인하는 동시에 선례 모두를 포함하는, 무한히 확장되는 성질의 것이다.

따라서 다윈의 행동학은 해당되는 동물학 영역의 전반을 완벽에 가까울 정도로 면밀하게 관통하는 백과사전적인 방식을 따른다. 다윈은 3장 머리말에서 "이 장의 목표는 인간과 고등 포유류 사이에 지적 능력의 근본적인 차이는 존재하지 않는다는 사실을 보여주는 것"[90]이라고 밝혔다.

---

90   『인간의 유래』, 3장, p. 150.

인간과 고등 포유류는 동일한 감정을 경험하는 동시에 기쁨과 고통, 행복과 불행을 각기 독특한 방식으로 느끼고 표현한다. 둘 다 주로 어린 시절에 유희를 즐긴다. 공포에 사로잡히기 쉬우며, 그로 인한 생리적인 증상은 공통적이다. 인간과 고등 포유류 모두 의심과 속임수가 가능하며 개체별로 착하거나 나쁜 성품을 지닐 수 있다. 보복을 훗날로 미룰 수 있고, 사랑과 모성애를 알며, 때로는 종의 경계를 벗어난 이타주의에 능하기도 하다. 앙심과 격분, 분노에 영향을 받을 수 있고, 상대를 기꺼이 놀리기도 하며, 질투와 경쟁심을 느끼고 칭찬과 찬양에 민감하며, 긍지와 수치심, 무시, 과민함, 심지어는 유머감각까지 갖추고 있다. 인간과 고등 포유류 대부분은 신선한 느낌을 선호하는 취향, 즉 새로운 것에 대한 취향이 공통적으로 있다. 이는 이들이 권태감과 경이감, 호기심을 느끼기 때문이다. 또 모방 능력이 있고 유년기 시절에 학습을 받으며 교육을 통해 변화될 수 있을 뿐 아니라 주의를 집중하는 능력이 있다는 점에서 유사하다. 사람과 장소에 대한 기억을 유지할 수 있고, 상상이 미신의 형태로 이어질 수 있다. 일부 포유류의 경우, 이런 능력을 유전된 본능이라고 간주하지 않는 한, 이들에게 이성적 사유 능력이 존재함을 입증하는 반박하기 어려운 증거를 제공한다. 예컨대 썰매 개들이 유난히 얇은 얼음판에 이르면, 마치 이 순간 좀더 넓은 면적으로 썰매의 무게를 분산시켜야 한다는 사실을 아는 것처럼 개들이 한결같이 각자 다른 방향으로 흩어지는 것이 바로 그 경우다. 한편, 포유류보다 열등한 생물이 지닌 특정한 연상 작용의 힘이 곤들메기에게서 확인되었다. 수족관 속의 곤들메기를 자신의 먹잇감인 물고기들과 유리벽으로 분리해놓은 뒤, 곤들메기가 먹잇감에게 달려들도록 놔둔다. 그러면 그는 유리벽을 들이받으며 생겨난 강렬한 충격을 이 특정 물고기의 이미지와 연결시킴으로써, 이러한 부정적 조건화가 끝나고 유리벽이 제거되었을 때에도 자기 먹잇감인 이 물고기들을 피하게 된다. 사막에서 개들은 물을 찾을 가능성이 있는 유일한 장소인 땅의 경사진 곳으로만 달려간다. 코끼리에게서는 바라는 대상을 얻고자 간접적인 방법을 사용하는 현상, 즉 원하는 대상 뒤쪽에서 긴 코로 숨을 내쉬어 그 대상을 자기 쪽으로 움직이려 하는 모습이 관찰되었다. 그리고 곰은 떠다니는 빵조각을 자기 쪽으로 끌어당기려고 발을 휘저어 물살을 만든다. 포유류는 관찰력, 추론 능력, 학습한 조심성(경험에 의거한 덫 피하기)을 보여준다.[91] 다윈은 어느 사냥개의 심사숙고와 이성적 사유에 관한 사례를 인용했다. 사냥개는 일반적으로 인간만의 특권이라 여겨지는 도구의 의

---

91 이 부분에 관해 우리는 다윈의 사고에 나타난 프레데리크 퀴비에의 혼란스러운 영향에 주목할 것이며, 게다가 그 중요성은 1840년 프루동의 『소유란 무엇인가』에서 밝혀졌다. 사실 1838년부터 다윈은 피에르 플루랑스[19세기 프랑스의 생리학자]가 준, 동물의 본능과 지능에 관한 퀴비에의 개념 요약을 읽었다.(『노트 M』) "본능은 감수성처럼, 과민성처럼, 지능처럼 원시적이며 고유한 힘이다. 늑대와 여우는 자신들이 빠졌던 함정을 알아보고 이를 피해가며, 개와 말은 단어 몇 가지의 의미를 배워 우리에게 복종하는데, 이는 지능을 통해서 하는 일이다. 개는 먹고 남은 것을 감춰두고 꿀벌은 집을 지으며 새는 둥지를 트는데, 이는 본능에만 관련된 것이다. 인간의 내면에도 본능은 존재한다. 세상에 이제 막 태어난 아기가 젖을 빠는 것은 특유의 본능에 따른 것이다. 그러나 인간의 내면에서는 거의 모든 것이 지능을 통해 이루어지며, 지능이 본능을 대체한다. 동물에게서는 반대의 일이 이루어지며, 이들에게는 본능이 지능을 대신하는 것으로서 주어졌다."(피에르 플루랑스, 「동물의 본능과 지능에 관한 프레데리크 퀴비에의 관찰에 대한 분석적 요약」, 1839)

도적인 제작에는 이르지 못하는데, 이러한 도구의 제작에도 동물적인 원기가 있을 수 있다. 일례로 유인원은 밤을 지내기 위해, 또 때로는 햇볕을 차단하기 위해 짚 더미나 잎사귀 더미를 만든다. 건축물이나 옷을 만드는 기술적 기법은 이러한 적성으로부터 구성되었을 것이다.

추상 능력과 일반 관념(개념)은 동물에게도 존재한다. 이러한 단언은 언어학자 막스 뮐러[1823~1900]의 견해에 대한 다윈의 반박에 핵심 요소가 된다. 막스 뮐러는 사실상 언어 없이는 사고도(개념도) 없다는 콩디야크[1715~1780]의 견해를 되풀이한 것뿐이었다. 우리는 이 질문에 기나긴 분석을 할애했다.[92] 여기서는 『인간의 유래』 3장에서 다윈 자신이 다음과 같이 요약해놓은 입장을 상기시키는 것만으로도 충분하다.

여러 저작가를 비롯하여 특히 막스 뮐러 교수[93]는 언어의 사용이 일반 개념의 형성 능력은 언어의 사용을 전제로 하며, 그 어떤 동물도 이러한 능력을 소유하지 못한 것으로 추정되므로 동물과 인간 사이에는 넘을 수 없는 장애물이 서 있다고 최근 강조했다.[94] 그렇지만 이미 나는 동물이, 비록 조잡하며 초보적인

---

92   파트리크 토르(지휘), 『다윈을 위하여』, Paris, PUF, 1997, 185쪽부터 수록된 클로드 알라르와 파트리크 토르의 『어느 어린아이의 전기적 개요』 '소개'를 참조하길 바란다.

93   (다윈의 주) 막스 뮐러, 『다윈의 언어철학에 관한 강의』, 1873.

94   (다윈의 주) "휘트니 교수[1827~1894] 같은 탁월한 언어학자의 판단이야말로 이 점에 관해 내가 말할 수 있는 모든 것보다 훨씬 더 큰 무게를 실어줄 것이다. 그는 빌헬름 블레크

단계에 불과할지라도, 이러한 능력을 지녔다는 점을 증명하고자 시도했다. 예컨대 10~11개월 아기나 농아가 특정한 소리를 어떤 일반 개념에 그토록 빨리 연결시킬 수 있다는 것이 있음직하지 않은 일로 보이는데, 이러한 생각들이 이미 머릿속에 형성되어 있었던 경우가 아니라면 모를까 말이다. 레슬리 스티븐[95] [1832~1904]이 다음처럼 지적하듯, 이 같은 지적은 가장 지능이 높은 동물에게로 확장될 수 있다. "개는 고양이와 양에 대한 일반 개념을 지니고 있으며 그에 해당하는 단어를 일개 철학자만큼이나 잘 알고 있다. 또한 이를 이해할 수 있다는 것은, 비록 말하는 능력보다는 더 낮은 수준일지라도, 음성학적 지능이 존재한다는 좋은 증거다."[96]

인간 언어가 근본적인 감정의 아직 조음調音되지 않은 표현으

의 견해에 관해 말하면서 다음과 같이 지적한다.(『동양학 및 언어학 연구』, 1873. p. 297) '왜냐하면 커다란 차원에서 언어는 사고에 필요하며, 사고 능력의 발달 및 의식의 완전한 제어를 향한 인식의 명료성·다양성·복합성에 필수적인 보조 수단이기 때문이다. 그 결과, 도구를 능력 자체와 동일시함에 따라 언어 없이는 생각도 불가능하다는 견해에 쉬이 이르게 되었다. 이러한 논리라면, 인간의 손은 도구 없이는 행동할 수 없다고 얼마든지 단언할 수 있을 것이다. 이러한 견해에서 출발하면 뮐러가 제시한 최악의 모순명제에 빠질 수밖에 없다. 뮐러의 주장에 따르면 아직 말을 못하는 아이는 인간이 아닌 셈이며, 농아聾啞는 발화된 단어를 수화로 모방하는 방법을 배우기 이전에는 이성을 지니지 않은 셈이다.' 막스 뮐러(『다윈의 언어철학에 관한 강의』, 1873, 세 번째 강의)는 다음의 진부한 문장을 강조한다. '단어 없이는 생각도, 생각 없이는 단어도 없다.' 여기서 단어에 생각이라는 정의를 부여하다니 이 얼마나 이상한 일인가!"

95 (다윈의 주) 『자유사상론 등』, 1873. p. 82.
96 『인간의 유래』, 3장. p. 174.

로부터 형성되었던 것처럼, 인간의 생각은 일반적 표상을 형성하는 기초적인 적성 속에 뿌리를 내렸다. 그리고 이러한 일반적 표상은 향후 개선되어 더욱 정제된 관념적 추상을 생성하는 데 근본적인 지주가 된다. 다윈은 단 한 순간도 이 분야의 저명한 상대들보다 더 뛰어난 언어학자처럼 보이려고 애쓰지 않았지만, 최고의 변증법론자임은 분명했다. 다윈은 언어의 진화가 당연한 수순이자 종의 진화를 공고히 해주는 수단이라고 보았다. 언어적 도구(여러 언어)의 특별한 현실화와, 무한한 역사적 변조를 가능케 하는 능력faculty 사이에서 다윈은 우선적으로 능력에 흥미를 보였다. 점진적 발달의 필연성은 다윈의 일원론적 연속주의의 필요조건이며, 인간에게서 발달된 어느 형질의 원기가 그 선조인 동물에게 아예 존재하지 않는다는 주장을 배제한다. 다윈 본인의 표현을 사용하자면, 인간의 능력과, 선택적 이익의 작용을 통해 이러한 능력이 유래된 근원인 동물적인 시초 사이에는 정도의 차이만 존재할 수 있을 뿐 본질의 차이는 있을 수 없다는 것이다. 마찬가지로, 어린아이는 스스로 발전하며 자라나는 것이지 존재의 본질을 바꾸며 자라나는 것이 아니다. 언어적 획득은 어린아이의 정신적 발달에 결정적인 요소임이 분명하나, 계통발생학적인 산물인 심리적 기관의 근본적이며 타고난 능력의 본질은 손상시키지 않는다. 이 단계에서, 변이를 동반한 유전을 포괄하는 자연주의적 진실은 언어학자의 부차적인 논의보다 훨씬 우위에 있다. 만일 이 진실이 실제 현상으로 충분히 입증된다면, 언어의 동물적 기원은 필연적인 결과가 될 터이며, 고등동물과 특히 인간 아이 사이는 희미한 수준의 일반 개념을 그리고 이를 언급할 수 있는 기호에 대한 초보적인 이해력을 보유했느냐에 좌우될 것이다. 심지어 문헌학적 차원이라 하더라도 인간을 동물과 분리하여 다루는 이원론은 어린아이와 성인을 분리하여 다루는 이원론만큼이나 받아들일 수 없으며, 다윈의 계통발생학적 점진주의의 관점으로 바라본다면 그 자체로 정당화될 수 없다.

언어의 문제는 중요한데, 철학 외적인 영역에서 다시 한번 제기되기 때문이다. 즉 자연주의적 연속주의의 용어로는 자연과 기법 간 관계의 문제라고 할 수 있다. 분명 "언어는 맥주나 빵을 만드는 기술처럼 하나의 기법"[97]이지만 이러한 진술은 아마도 문어文語에 더욱 해당되는 표현일 것이다. 아이의 본능적인 옹알이로 나타나는 말하기 능력은 본능적인 경향이며, 그 어떤 문헌학자도 언어가 여기저기서 의도적으로 고안되었다고 주장하지는 않는다. 각 언어는 신체의 표현 수단을 자발적으로 사용하는 소통의 필요에서 출발하여 이런 표현 수단을 관례적·정식적 체제로 정리해놓은 것이다. 조류의 경우, 같은 종 내부에는 대체로 유사한 재료의 표현적 음이 존재한다. 이 표현적 음은 공통의 본능적 토대로 간주할 수 있으며, 감정을 본능적으로 표현한다. 하지만 선천적인 것과는 거리가 먼데, 친부모가 아니라 양부모일 때도 부모에게서 종 특유의 지저귐과 심지어는 땅울림call note[지저귐 이외 새소리의 총칭]을 보고 배

---

97 같은 책, 3장, p. 171.

우기 때문이다. 언어와 마찬가지로 '완벽한 지저귐'을 습득하는 데는 오랜 기간의 학습이 필요하다.[98] 그리고 다윈이 무척 소중히 여기는, 인간과 조류 사이의 이러한 유사성은 인간의 학습 자체에 동물과의 동족성을 부여함으로써 이를 자연화하는 동시에, 종 고유의 본능적인 표현이 될 수 있는 조류의 표현적 음을 문화화한다. 여기서 다시 자연과 '문화'의 변증법은 다윈에게서 새로운 도식을 만나, 전통적인 대립이라는 고정된 이원론으로부터 벗어났다. 학습은 기법을 만들지만 그것은 여전히 자연적인 채로 남아 있으며, 이는 수많은 동물 종을 비롯해 특히 원숭이에게서 눈에 띄게 입증되었다. 그렇지만 만일 지저귐이 원래 자연적이며 그다음에야 일정하게 발전하도록 되어 있는 것이라면, 이는 자발적인 표현적 음색과 억양 등의 본능적 수단 덕분이자 양친 부부, 가족, 특정 집단 등 능동적

---

98 같은 책, 3장, pp. 171~172를 참조. "새들이 내는 지저귐은 여러 면에서 언어와 가장 근접한 유사 사례를 제공한다. 왜냐하면 같은 종의 모든 구성원은 자신의 감정을 표현하는, 동일한 본능적 음을 내기 때문이다. 그리고 지저귀는 모든 종은 본능적으로 자신의 능력을 발휘한다. 그러나 지저귐 그 자체, 그리고 심지어는 땅울림조차, 그들의 친부모 혹은 양부모에게서 학습되는 것이다. 데인스 배링턴이 증명했듯, '인간에게 언어가 후천적인 것처럼, 이 지저귐 역시 후천적이다'. 초반의 지저귐 시도들은 '옹알이를 하는 어린아이의 불완전한 시도에 비견될 수 있다'. 어린 수새들은 10~11개월 동안 되풀이하여 지저귐을 실행, 혹은 새잡이들이 말하듯 '연습한다'. 이들의 첫 시도는 미래의 지저귐을 구성할 흔적만을 겨우 보여준다. 그러나 나이를 먹어감에 따라 이들이 완벽한 지저귐에 거의 근접했다는 것을 느끼기 시작하고, 결국에는 이들이 '완벽하게 지저귄다'고 말하게 된다. 티롤 지방에서 자라난 카나리아처럼, 다른 종의 지저귐을 학습했던 어린 새들은 자기 자손에게 새로운 지저귐을 가르치고 전수한다. 서로 다른 지역에 사는 같은 종 새들의 지저귐 사이에 생겨나는 약간의 자연적인 차이는 배링턴이 적절히 지적했듯, '지방 방언'에 비견될 수 있다. 그리고 서로 다른 종이라 해도 인척 관계를 맺은 종들의 지저귐은 서로 다른 인종의 언어들과 비교될 수 있다. 나는 어떤 기술을 획득하는 본능적인 경향은 인간 특유의 것이 아님을 보여주기 위해 앞의 몇 가지 상세사항을 제시했다."

인 사회적 환경을 통한 이러한 본능적 수단의 자극 및 필수적인 모형화 과정 덕분이다. 어린 새가 성체가 되어 이러한 본능적 수단을 통합할 때, 주변의 사회적 환경이 부여한 형태는 이러한 통합을 확고히 해준다. 조류와 그 지저귐으로 말하자면, 다윈은 어린 새의 자연적인 표현 능력과 성체 새가 학습한 숙련된 지저귐을 구분함으로써, 성체 개체의 일생 속 상징계의 탄생과 상대적인 자립에 관해 우리가 앞서 제안했던 초안에 강력한 자연주의적 내용물을 제공했다. 모방과 학습으로 구축되지만 자연적인 표현 능력을 기반으로 하는 학습된 지저귐은 구애 기간에 암컷을 차지하는 데에 깃털과 함께 가장 중요한 요소이기 때문이다. 그러므로 유혹은 성체들의 짝짓기 선택 관계 속에서 어느 기법의 정수를 자연적 본능에 의거하여 표현하는 것이며, 이러한 기법을 인간은 가장 용의주도하게 개량된 형태로 끌어올리는 법을 배운 것이다. 여기서 '기술을 획득하는 본능적 경향'은 자연적 기호의 필연적인 학습이라는 콩디야크적 주제와 일치하며, 이 주제는 계몽주의 시대 인류학의 주제 중 하나였다. 이 시대의 유물론은 자연과 기법 사이의, 개인과 사회 사이의, 예술의 탄생과 의미 작용의 동시적 학습 사이의, 가장과 허위 사이의 미묘한 변증법을 명확히 밝히기 시작했다.

본능과 지성

/

다윈은 동물계 안에서 관찰되는 학습 과정이 구축된 행동을 갖추려는 자연적(본능적) 적성 및 성향을 발달시킨다고 보았다. 그리고 이는 각 집단 구성원에게서 종종 모방적인 획득 과정과, 반복·오류·정정을 반드시 포함하는 '연습'이라는 행동, 즉 결국에는 본능에서 멀어져 지성에 가까워진 행동을 통해 이루어진다. 그렇지만 자연주의자의 일상어 속 본능과 지성의 구분은 진화에서 이 두 가지가 이루는 진정한 관계에 주요한 이론적 문제를 제기한다. 만일 어느 동물 종에 관해, 세상과의 접촉으로 획득한 습성 및 주어진 환경 속에서 자동적으로 작용한 습성의 고정적·유전적 일체가 본능이라고 한다면, 이는 추후의 모든 정신적·행동적 활동의 자연적 기반으로 삼아질 것이다. 그러니 지성은 자신의 생물학적 기반을 본능에 두는 동시에 이러한 본능으로부터 점차 벗어나는 셈이다. 그리고 오류 가능성의 현격한 증가야말로 이러한 벗어남의 수단을 제공한다. 지성과 본능을 발달적 연속체처럼 연결하는 이러한 논리 속에서, 그 유명한 '이성'에 능한 인간은 이제 더는 특별한 재능 덕분에 창조의 정점에 위치한 천지창조의 기적으로 여겨지는 것이 아니라, 기나긴 진화적 과정에서 유래한 현재의 완성으로 여겨지는 것이다. 그리고 이 진화의 과정 동안, 지성은 상급 단계의 동물로 올라갈수록 본능과 더욱 경쟁하며 심지어는 이를 대체하는 경향마저 보인다. 여기서 다윈은 자연주의자들 내부에서조차 격렬한 반박을 이끌어내었던 훨씬 더 민감한 문제에 봉착했다. 그리고 여느 때와 마찬가지로, 그는 서로 대치된 의견들이 미친 효력의 범위를 충실히 훑어가며, 앞서 언급되었던 단락 속에서 이 문제를 다루었다.

고등동물의 경우 본능의 수가 적고 상대적으로 단순하다는 점은 하등동물의 경우와 굉장히 대조된다. 퀴비에는 본능과 지성이 반비례한다고 주장했고, 다른 이들은 고등동물의 지적 능력이 그들의 본능에서부터 점진적으로 발달한다고 생각했다. 그러나 펠릭스 푸세는 어느 흥미로운 논문에서[99] 이런 유의 어떠한 반비례 관계도 존재하지 않는다고 증명했다. 가장 뛰어난 본능을 보유한 곤충들은 분명 가장 지능이 높았다. 척추동물 종으로 말하자면, 어류와 양서류 같은 가장 지능이 낮은 구성원은 복잡한 본능을 보유하고 있지 않다. 모건의 훌륭한 연구 기록[100]을 읽었다면 누구나 인정하는 것처럼, 포유류 중 가장 뛰어난 본능을 자랑하는 비버는 굉장히 똑똑하다.

물론 허버트 스펜서[101]의 말에 따르면 지성의 첫 여명은 반사작용의 증가와 공조를 통해 발달하였다. 그리고 비록 더 단순한 본능의 대다수가 점차 반사작용으로 변했으며, 젖을 빠는 새끼 동

99   (다윈의 주) 「곤충의 본능」, 『르뷔 데 되 몽드』, 1870. 2. p. 690.
100   (다윈의 주) 『아메리카 비버와 그의 공사 작업』, 1868.
101   (다윈의 주) 『심리학 원칙』, 제2판, 1872, pp. 418~443.

물의 경우처럼 본능과 반사작용을 서로 구분할 수 없지만, 더 복잡한 본능은 지성과 별개로 형성될 수 있어 보인다. 그렇다고 해서 나는 본능적 행동이 고정적이며 비학습적인 형질을 잃을 수 있고, 자유의지의 도움을 받아 실행된 다른 행동으로 대체될 수 있음을 부정하려는 것이 아니다. 다른 한편으로, 해양도[지질학적으로 대륙과 아무 관계없이 대륙붕 위에 떠 있는 섬]의 새가 인간을 피하는 법을 배우는 경우처럼, 어떠한 지적 행동은 여러 세대에 걸쳐 실행된 이후 본능으로 변하여 유전될 수 있다. 따라서 더이상 이성이나 경험을 통해 실행되지 않는 행동이므로, 이 행동의 형질은 수준이 내려간 셈이라고 말할 수 있다. 그러나 복잡한 본능 대다수는 완전히 다른 방식으로, 더욱 단순한 본능적 행동의 변이를 자연선택함으로써 획득되었던 것으로 보인다. 뇌 구성에 작용하는 것과 동일한 미상의 원인이 바로 이러한 변이에서 유래하는 것으로 보이며 이 원인은 기타 신체 부분에서 개체상의 경미한 변이나 차이를 이끌어낸다. 그리고 우리의 무지로 인해 종종 이러한 변이는 자연적으로 발생하는 것처럼 여겨진다. 나는 경험에 따른 영향과 변화된 습성을 자손에게 일체 물려주지 않는, 생식력이 없는 일개미나 일벌의 놀라운 본능을 떠올려보면, 복잡한 본능의 기원에 관하여 이 외의 그 어떤 결론에도 다다를 수 없다고 생각한다.

물론, 앞서 언급된 곤충과 비버에 관해 알게 된 사실처럼, 높은 수준의 지능은 분명 복잡한 본능과 양립 가능하며, 일단 자발적으로 습득한 행동이 이후에는 습성을 통해 반사작용처럼 빠르고 확실하게 실행될 수 있기는 하다. 그러나 지성의 자유로운 발달과 본능의 발달 사이에 어느 정도의 충돌이 존재한다는 것은 있음 직한 일인데, 여기서 말하는 본능의 발달은 뇌의 특정한 유전적 변화를 내포한다. 우리는 뇌의 기능에 관해 잘 모르지만, 지적 능력이 발달할수록 뇌의 여러 부분이 더 복잡하게 얽힌 신경으로 연결되어 더 자유로운 상호 교환이 가능할 것임이 틀림없다. 그리고 그 결과, 각 신체 부위는 어쩌면 특정한 감각이나 연상에 대해 정해진 유전적인 방식, 즉 본능적 방식으로 대응하는 데에 덜 적합해지는 경향을 보일지도 모른다. 그리고 더 나아가서는 낮은 수준의 지능과, 유전적이지는 않지만 고정된 습성을 형성하는 강력한 경향 사이에는 어느 정도 관계가 있는 것으로 보인다. 왜냐하면 어느 신중한 의학자 덕분에 내가 이것을 지적하게 되었듯, 약간 모자란 사람들은 습관이나 습성이 모든 것을 이끌도록 내버려두는 경향이 있다. 그리고 이러한 특성을 격려받으면 그들의 만족감은 더욱 커진다.

나는 이러한 여담을 할 만한 가치가 있다고 생각했다. 왜냐하면 우리가 과거 사건에 대한 기억, 예측, 이성, 상상력에 기반을 둔 고등동물의 행동을 하등동물이 본능적으로 실행한 매우 유사한 행동과 비교할 때, 이 고등동물, 특히 인간의 지적 능력을 너무 쉽게 과소평가할 수 있기 때문이다. 하등동물의 경우, 이러한 행동을 실행하는 능력은 각 세대가 이어지는 동안 동물 자신의 의식적인 지성 없이 심리적 기관의 가변성과 자연선택에 힘입어 점진적으로 획득되었다. 윌리스가 주장하듯,[102] 인간이 행하는 지적 활동의 대부분이 이성적 사유가 아니라 모방에 힘입은 것이라는 데에는 이론의 여지가 없다. 그러나 이러한 활동과 하등동물이 수행하는 다수의 활동 사이에는 이 같은 커다란 차이가 존재한다. 요컨대 인간이 자신의 모방 능력으로 돌도끼나 카누를 단숨에 만들어낼 수는 없으며, 실전을 통해 제작 방식을 익혀나가야만 한다. 그런 반면, 처음 시도할 때나 나이 들어 경험이 쌓였을 때나 마찬가지로 비버는 댐이나 운하를, 새는 자기 둥지를 완벽에 가깝게 만들 수 있으며, 거미 역시 거미줄을 훌륭하게 짜낼 수 있다.[103]

명확하고 구체적인 일의一義의 결론에 이르는 데에 급급한 주해자에게는 이 같은 전개가 수수께끼처럼 남아 있을 수 있다. 자신의 습관에 충실한 다윈은 자신과 반대되는 의견을 검토한 후 각 의견에서 자신의 의견으로 통합될 수 있는 사실적 요소를 차용해오는 한편, 절대 그것에 완전히 동의하지는 않는다. 그런데 우리의 앞선 분석은, 다윈이 당장에는 모순적으로 보이는 것들을 훗날에는 양립시켜 일종의 집대성에 이른다는 사실을 충분히 보여주었다. 예컨

---

102 (다윈의 주) 『자연선택 이론에 대한 기여』, 1870, p. 212.
103 『인간의 유래』, 3장, p. 153. 이 마지막 부분에 관해 다윈은 다음의 '매우 흥미로운 저작'을 참조한다. 존 트러헌 모그리지, 『수확개미와 문짝거미』, 1873, p. 126, 128.

대 프레데리크 퀴비에의 '반비례'에 근본적으로 동의하는 모습을 보이는데, 왜냐하면 그는 사육동물이 문명화된 인간과 마찬가지로 개체적 본능의 개수와 작용, 정확성이 감소하여 학습 과정이 강화되고 확장되는 특징을 보인다는 사실을 오래전부터 알고 있었기 때문이다. 다윈은 지능이 본능에서 유래되었다는 판단에 동의했다. 그는 이 본능이 혼성적이며 불완전하고 가류적이며 그렇기에 '이성의 일부'를 담기에 알맞다는 것을 알고 있었으며, 이 이성의 일부는 자립할 운명에 놓여 있었다. 그는 비버의 경우 풍부한 본능과 지능 사이에 대응 관계가 존재한다고 주장하는 푸셰에게 동의하는 데에 거리낌이 없었다. 왜냐하면 특정한 조건 속에서 특정 사회적 동물의 경우, 어느 구성 요소가 다른 요소를 완전히 압도하는 일 없이 여러 구성 요소가 공존하는 형태가 상당히 오랫동안 지속될 수 있다고 얼마든지 선험적으로 생각할 수 있기 때문이다. 진화 과정에서 주요 역할을 하는 모든 대상에 관해 평소 해왔던 것처럼, 다윈은 마침내 자기만의 이론을 적용하기에 이르렀고, '자신의 종에 포함되는' 모든 생물체에 고유하며 생물 불변론적 창조론이 내재적 방식으로 부여하는 선천적인 기제인 본능이 오히려 형태학적 · 해부학적 · 생리학적 요소와 마찬가지로 변이하는 경향이 있으며 때문에 자연선택의 지배하에 있다고 설명했다. '복잡한' 본능은 특히 자연선택 덕분에 발달했는데, 이것이야말로 꿀벌 같은 곤충이나 비버 같은 포유류의 특징으로, 이 두 생물 모두 각자의 강綱에서 집을 짓는 생물이자 그 안에서 이례적인 '지능'을 지닌 생물로 이름 높다. 본능이 '지적 능력'이라는 거대한 전체의 일부를 이루는 만큼, 고등동물에게서는 본능의 진화적 변화를 뇌의 변이 덕분이라고 보아야 하며 이는 당연히 본능의 진화와 신체적 구조의 진화를 연결시킨다. 따라서 어느 종의 내면에 상대적으로 고정된 행동적 습성 체계인 본능의 유리한 변이의 유전은 신체 구조상의 유리한 변이의 유전보다 하등 놀라울 것이 없다. 생물변이적 일원론이 전적으로 요하는 이러한 명제가 일단 받아들여지기만 하면, 본능과 지성 간의 구분을 명확히 하는 문제는 자연주의적 문제가 될 뿐이다. 또한 이 문제는 인간의 관점에서 출발해야지만 의미가 있는데, 왜냐하면 인간이야말로 유전적으로 이 문제를 제기할 수 있고 이 문제가 제기되도록 하는 유일한 존재이기 때문이다. 사실상 인간만이 조음 언어를 보유하고 개념을 언어적이며 정의적으로 숙련함으로써, 자연이 알지 못하는 구분을 시행할 수 있다. 애초에는 지성과 본능이 지적 능력으로서 함께 진화했다. 그리고 일반적으로 본능을 원기로 여기는 경향이 있다면, 처음에는 실제로 대개 본능이 내재적인 지적 능력의 발현을 지배했기 때문이다. 지적 능력의 공통적인 기원, 즉 본능은 이러한 지적 능력을 향후 변이적 발달의 내적인 가능성처럼 품고 있었다. 환경상 유리한 특정 조건 아래서 어떤 종은 자신의 진화 방향이 특정한 이익을 통해 결정되는 것을 경험했고, 이러한 이익은 갑작스럽고 예상치 못한 상황에 더 효과적으로 적응하고자 본능의 상대적인 고정성에서 벗어난 변이를 발달시키는 과정에서 발견되었다. 상대적으로 경직된 본능(그렇지만 변이의 가능성을 내포한)으로부터 거리를 둔 첫 시도인 이러한 변이는 일단 선택되고 나면 지성의 분화 및 자립 과정을 촉발했다. '본능적' 대응을, 상황을 분석하고 사정에 따라 대답을 조정하는 방식에 기반을 둔 '심사숙고한' 대응으로 점차 대체하는 것이었다. 그런데 필연적인 생물적 상관 요소를 행동의 변이에 부여하는 일원적 논리를 따라가면, 이러한 지성의 분기는 발생하는 곳에서 이성적 능력의 증대 경향을 창출하며, 뇌 내 연결망의 복합성을 증대시키고 이에 따라 연상 능력을 무한히 발전시킨다. 이것이야말로 다윈이 앞서 언급된 단락에서 '자유'의 점진적인 확대라는 표현으로 훌륭히 풀어낸 내용이다. 이제 이러한 자유는 사실상 본능과 반비례하여 증가하며, 그에 비해 본능은 적응력이 매우 낮으며 그 자체로 점진적인 쇠퇴의 길을 걸을 운명에 처한 수단처럼 보인다. 그러므로 본능과 그로부터 독립한 지성의 진화는 이 이론이 요하는, 그리고 아마도 자연이 강제하는 일반적인 방식인 분기의 선택을 따른다. 이는 특정한 기반으로부터 커져나가되, 그 기반을 부정하며 그것이 상대적인 죽음에 점차 빠져들도록 놔두는 방식이다. 이런 면으로 볼 때, 살아 있는 산호는 죽은 산호를 기반으로 삼아 성장하는 만큼, '생명의 나무'[공통 조상에서 종분화를 통해 여러 종으로 갈라져 나온 모든 생물 종의 진화 계통을 나타내기 위해 다윈이 도입한 계통수]보다는 '생명의 산호'라는 은유적 표현이 더 적합해 보인다. 다윈은 '생명의 산호'라는 표현을 굉장히 일찍이 사용했는데, 이는 산호초에 관한 기초적인 저작을 준비하는 기간과 본인 이론의 초안을 숙고하는 기간이 서로 겹쳤을 때였다.[104] 그러나 '생명의 나무'라는 은유적 표현에서 '한 가지 근원으로부터의 성장'이라는 의미만을 받아들인다고 가정해보자. 그렇다면 이 나무는 성장해나감에 따라, 그리고 여러 가지 가운데서 지성의 선택된 형태를 발생시켰던 변이를 그 어떤 용어로도 규정하지 않은 덕분에 자유의 나무처럼 보이게 된다.

자유의 자연사

/

그다음에는 좀더 복잡한 설명에 들어가는 한이 있더라도, 다음의 사항을 짤막하고도 단순하게 얘기해보겠다. 내가 진화의 가역적 효과라고 명명한 개념은, 철학이 언제나 '자유'라는 용어로 지칭했던 것의 출현을 비신학적으로 생각하게 해준다. 여기서 '비신학적'이라는 표현은 교조적인 이원론으로부터 벗어나는 것을 의미하며, 이러한 이원론은 그 존재와 원인에 있어 물질에 완전히 내재된 결정과 무관한 듯한 영혼, 정신, 도덕적 의식, 내면적 감정 같은 심급을 모든 진화적 역사로부터 격리시킨다. 그와 동시에, 여기서 말하는 물

---

104 「노트 B」(1837~1838) 참조. "어쩌면 생명의 나무tree of life는 생명의 산호coral of life라고 불려야 할지도 모른다. 산호는 죽은 가지를 기반으로 하기에 그 이행 과정이 보이지 않기 때문이다."

질에 대한 탐사적인 지식을 제공할 수 있는 것은 오로지 과학뿐이며 이 지식에 관하여 과학은 선험적으로 그 어떤 제한이나 한계도 허용하지 않는다. 과학은 현실을 무한히 인식 가능한 것으로 여기기 때문에, 자유과학은 과학 자체의 발전에 그 어떠한 한계도 둘 수 없다. 다윈의 어느 문장은 법적 한계가 없는 과학에 대한 이러한 인식, '낙관적'이 아니라 단지 현실적인 인식을 놀랍도록 잘 표현하고 있다. "이러저러한 문제는 과학으로 절대 해결될 수 없다고 그토록 단호하게 단언하는 이들은 잘 아는 사람들이 아니라 아는 게 거의 없는 사람들이다."[105] 과학은 발견하고 고안해낸다. 그리고 신학이 (혹은 철학의 영역으로 재편입된 신학인 '알 수 없는 것'[사물의 궁극적 실재 혹은 절대자, 무한자, 신은 알 수 없다는 주장], 즉 불가지不可知의 교리가) 과학에 대한 제약을 일종의 계율로 삼는 경우가 아니라면, 과학적 연구보다 우선시되는 제약은 납득될 수 없다. 이는 과학이 뜻밖의 신기성新奇性을 끝없이 앞으로 향하게 한다는 이유 단 하나 때문이다. 그러는 한편 과학은 자신의 현재 한계를 명확하게 단언한다. 아직 증명해 보이지 않은 제안이나 이론을 확실한 실증성을 가진 것처럼 제시하려면, 과학은 스스로를 부정할 수밖에 없다. 과학상의 가설은 일정한 절차와 자격이 새로운 실증성을 구축하여 이 가설을 사실로 바꾸어줄 때까지 계속 가설로 남아야 하는 것이다.

반대로, 주요 일신교에 동반된 신학은 계시에서 출발하는데 계

---

105 『인간의 유래』, '서문', p. 82.

시란 곧 앎이 아닌 확신이다. 계시는 그것의 구성 요소를 이해 가능한 것이 아니라 오직 받아들일 수만 있는 것이라고 가정하는 만큼, 더더욱 앎과 거리가 멀다. 바로 그렇기 때문에, 계시는 이러한 '알지 못함'을 실증적 지식으로 바꾸는 것이 아니라 불가지의 숭고함을 무한히 언급할 수밖에 없는 것이다. 세계가 있는 그대로라면, 궁극적 이성은 신의 의지 안에 존재한다. 이러한 신의 의지는 그 자체로 알 수 없는 것이기 때문에, 신학은 인간적 수단을 통한 세계나 자연의 해석이 궁극적 목적 혹은 제1원인에 관한 질문을 제기하는 순간부터 이처럼 과학과 신앙 사이에 경계를 긋는 근본적인 불가지성과 맞닥뜨린다고 선언하고, 합리적 지식의 침투 권한에 한계를 강요한다. 이성이 자신의 권한을 넘어선다고 간주되는 것과 마주할 때 굴종하도록 명령하는 이러한 파스칼적인 분열에 과학은 오래도록 수긍해야 했다.[106] 따라서 이성의 자발적인 억제는 그 자체로 이성 본연의 힘을 지혜로이 판단하는 이성적 행위처럼 보였다. 어쨌든 이것이야말로 모든 기독교 신앙이 하나로 모인 지점이며, 파스칼의 신비적 얀센주의는 예수파의 방침에 비해 뭐 하나 독창적인 것이 없어 보인다. 인간이 특정한 '한계' 이상으로 아는 것을 금지하는 조처는 모든 종교, 숭배 의식, 신학의 일반적인 경향이었다.

---

106 특히 『팡세』를 참조. III: "굴종하라, 무력한 이성이여." V: "이성의 마지막 행보는, 이성을 뛰어넘는 무한성이 사물에게 존재한다는 것을 아는 것이다. 이성이 그 단계까지 가지 않는 한 이성은 꽤 믿을 만한 것이다.
무엇을 의심하고, 무엇을 확신하며, 무엇에 따라야 할지를 알아야 한다. 그렇게 하지 않는 이는 이성의 힘을 알지 못하는 것이다. 이러한 세 가지 원칙을 어기는 사람, 혹은 이

자유과학은 모든 신학적인 발언 의무를, 제도화된 형이상학에 관해 말하거나 침묵할 모든 책무를 뛰어넘은 학문이다. 이는 계몽주의가 교리라는 철옹성에 돌파구를 낸 후에야 탄생했으며, 이러한 돌파구를 통해 종교적··철학적 비판이, 세속화 중의 자연과학이 점차 저변을 넓혀나갔다. 이 같은 해방은 먼저 협상의 형태를 띠었는데, 기형학이야말로 그 대표적인 경우다. 기형학의 협상이란 기능장애와 죽음이 예정된 생물을 창조하는 행위가 신답지 않다고 부득이하게 판단했던 것을 말하며, 이는 전성설[수정란이 발생하여 성체가 되는 과정에서, 개개의 형태·구조가 이미 알 속에 갖추어져 있어서 발생할 때 전개된다는 학설]로부터 벗어나 '일탈적 구조의 우연한 형성'이라는 고유의 이론을 발전시키기 위해서였다.[107] 마찬가지로, 다윈은 동물들 가운데서 현저하게 나타나는 이러한 보편적이고 근

<hr />

원칙이 설득력 있다고 단언하면서도 실행에 옮기지 않는 사람, 혹은 전부 다 믿지 않는 나머지 무엇에 따라야 할지를 모르는 사람, 혹은 전부 다 따르는 나머지 무엇을 판단해야 할지 모르는 사람이 있다.

만일 모든 것을 이성에 따르게 한다면 우리의 종교에는 하등 신비하거나 초자연적인 부분이 없을 것이다. 만일 이성의 원칙에 반하는 행동을 한다면 우리의 종교는 어리석고 터무니없는 것이 될 것이다.

성 아우구스티누스에 따르면, 이성이 스스로 순종해야 하는 경우라고 판단하지 않는 한, 이성은 그 무엇에도 절대 굴하지 않을 것이다. 그러므로 이성은 스스로 순종해야 한다고 판단하는 때에 순종하고, 그러지 않아야 한다고 근거를 가지고 판단할 때에는 순종하지 않는 것이 합당하다. 그러나 착각에 빠지지 않도록 경계해야 한다.

믿음이라는 대상 속 이성의 부정보다, 이성에 더 부합하는 것은 없다."

불가지성 앞에서 당연한 듯 자가 부인을 하며 이성의 한계를 이성적으로 판단하되, 그럼에도 착각에 빠질 위험을 감수하는, 아우구스티누스가 말하는 이성은 철학의 가장 기이한 모순 중 하나로 남아 있다.

107 나는 태동하는 병리해부학과 형이상학 사이의 이러한 합의에 대해 책 한 권을 온전히 할애했다. 『질서와 괴물』, Paris, Le Sycomore, 1980, 개정판, Syllepse, 1998.

거 없는 가혹함[108]이 창조주(이미 그가 오래전부터 믿지 않았던)에게 어울리지 않는다고 판단했는데, 이는 자연신학의 섭리주의에서 벗어나 세상의 불완전함에 더 알맞은 내재적 방식에 따라 장애물 없이 진화 실험을 전개해나가기 위함이었다. 이후 종교와 과학의 관계가 진보해나가는 가운데, 과학과 신앙 사이에 합의된 단절이 찾아온다. 우선은 바로 위에서 언급된 '파스칼적인' 방식, 즉 이성적 활동을 적절히 중단하여 신앙에 자신을 내맡기도록 하는 의식이 조심스럽게 시행한 분열(이는 신앙과 이성적 활동 사이에 정복욕을 자극할 만한 보편적인 경계를 유지시킨다)에 관한 것이었으며, 다음으로는 상호적 외재성이라는 명령의 방법론적 방식에 관한 것이었다. 즉 두 영역이 근본적으로 다르며 서로 침투할 수 없다는 점을 가정하면, 둘 중 그 무엇도 서로의 자연적인 한계처럼 나타나지 않게 된다는 것이다. 바로 이렇게 하여 기독교 신자인 연구자들이 자신의 전문적 활동 안에서는 완벽한 유물론자로 행동할 수 있었으며, 어떤 경우에는 자신의 활동과 일관되는 탐구에 이러한 분리가 필요하다고 요구할 수조차 있었던 것이다.

과학에서 이러한 '방법론적 유물론'보다 더 받아들이기 쉬운 것은 없다는 점을 강조해야 한다. 이 방법론적 유물론은 오늘날의 신자들도 얼마든지 지지할 수 있다. 왜냐하면 여기에서 오히려 신자들

---

108 지배적인 종교적 관점에 따르면, 오로지 인간만이 시련의 시험을 거쳐 자신의 도덕적 의식이 향상되는 것을 볼 수 있다. 바로 이 관점에 따라, 도덕적 의식이 결핍된 동물은 '교훈적' 버전의 섭리자에게 은혜를 받는 대상에 포함될 수 없다. 그러므로 이러한 가혹함은 자신의 일시적 변덕으로 동물들에게 시련을 마련해놓은 생체 해부자 신의 몫이 된다.

은 이처럼 본연의 이성적 역할 속에 온전히 유지된 과학이 신앙의 보호를 받는 영역을 정복하고자 더는 해를 가하지 않을 거라는 희망을 발견하기 때문이다. 과학의 경험적 세계에서 유물론은 하나의 '철학'이 아니라 객관적 지식과 그것의 진보에 관한 방법론적 조건이라는 단언이 합당하다고 해보자. 이는 유물론에서 유심론적이거나 초자연적인 모든 주장을 배척하는 것을 전적으로 정당화하는 셈이다. 그렇다면 바로 이러한 인식이 이처럼 이성적인 앎에 필수인 정화의 행위를 완수하며, 또 한편으로는 필요한 경우 어느 초자연적인 요소를 근원이나 정점으로 인정하는 신앙에 동조한다고 보는 것 역시 합당하다. 또한 인식적이며 신앙적인 주관성의 관점으로 볼 때, '또 한편으로는'이라는 표현에 함축된 이 같은 분열은 주체의 내면에서조차 서로 싸우는 일 없이 외면상 친하게 지내기로 결정한, 두 적대적인 심급 간의 불가침 협정처럼 보인다. 하지만 결국 합의된 그 어떤 분열도, 가장 내밀한 자가당착으로 의식이 되돌아가는 것을 막을 정도로는 견고해지지 못했기 때문에, 미해결된 갈등은 주기적으로 재등장하여 사실상 이성과 믿음 사이에 다시금 자리 잡게 되었다. 이러한 갈등은 개인의 사고 안에서만이 아니라 공동체적인 표출로도 나타났는데, 이러한 병리학적 증상의 가장 왜곡된 사례가 바로 미국이다. 미국은 끝없이 되살아나는 창조론을 비상식적이고도 기만적인 방식으로 생물진화 이론과 대등 관계에 놓기로 유명하다.[109] 그러므로 오늘날 관건은 고유의 영역을 둘러싼 비이성성의 유례없는 공격을 마주하고, 과학적 합리성이 자신의 해

방 투쟁을 공개적으로 재개할 수 있느냐다. 이는 자연스럽게 생물진
화와 인식 그리고 고차원적 능력 및 도덕의 출현 같은 주요 문제로,
오늘날 다윈의 자연주의 및 인류학이라는 큰 틀에 연관된 모든 문

---

109 괜찮다면 여기서 이 주제에 관해 2005년 6월 『르몽드 드 레뒤카시옹』에 발표된 비평 일부
를 인용하고 싶다. 이 주제에 관한 분석을 정치 영역에서 전개해나가는 글이다.
"과학과 종교 간의 '대화'는 정치가 발명해낸 허상이다. 실제로는 객관적 지식의 내재적
연구와 신자들이 보이는 태도상의 특징인 초자연성을 향한 부르짖음 사이에는 함께 협상
할 만한 것이 전혀 없다. 만일 어느 초자연적 요소가 어느 현상의 과학적 설명을 구축하
는 데 기여할 수 있다는 것이 단 한 번이라도 인정된다면, 곧바로 과학 전반의 방법론적
일관성을 포기해야만 할 터이다. 과학적 방법은 협상되지 않는다. 이는 전부 미국 개인주
의적 자유주의의 정치적 책략에 불과하며, 과학적 설명과 신학적 해석 중 하나를 선택하
는 일이 가능하다고, 혹은 이 두 가지가 결합될 수 있다고 설득하기 위한 것이다. 마치 물
체 낙하의 법칙을 인정하는 것이 개인적 신념이나 선거 민주주의 혹은 '자유'에 관한 사안
인 것처럼 말이다.
프랑스와 수많은 유럽 국가의 정교분리적인 인식은 캔자스 주 교과 과정에서 진화론의 일
시적인 폐기를 이끌어낸 폐해에 격하게 반응하기는 했지만, '뉴에이지' 운동 출신의 신섭
리주의자들이 대대적으로 계획했으며 미국의 '과학적 창조론' 방식을 이용했던 지적 담론
에는 훨씬 더 큰 영향을 받을 위험이 있다. '지적 설계'(우주의 섬세한 조화를 다스리는 것으
로 여겨지는 '구상' 혹은 '지적 계획')라는, 독창성과는 거리가 먼 현재의 풍조는 하위 소지자
들을 통해 다시금 수면 위로 부상하고 있는데, 유럽에서는 17세기 이후로 번영한 자연신
학의 오래된 전통(존 레이, 윌리엄 더럼, 베르나르트 니우엔티트, 클로드 페로, 플뤼슈 신부에서
부터 윌리엄 페일리를 거쳐 테야르 드샤르댕에 이르기까지)에 기대야지만 새로운 활기와 지속
가능한 공모를 얻을 수 있을 뿐이다. 지금껏 생물변이론의 과학적 확실성은 가톨릭 위계
질서가 최근에도 여전히 내부적으로 공격해왔던 위치, 즉 진화 현상을 포함하는 테야르
드샤르댕의 궁극목적론으로 교회가 후퇴하게만 했다. 과학은 새로이 창조하고, 진보하
며, 변모한다. 이념은 재활용되고, 가다듬어지며, 다시 손질된다.
유럽이 물든 것일까? 그렇다. 하지만, 신비주의적 요소를 손질한 후 1995년부터 과학적
영역과 믿을 만한 학자의 전략을 우선시했던 '파리 학제 간 대학'처럼 '과학적' 면모를 지
닌 신섭리주의적 이론들의 정교하고 여과된 형태를 통해서였다.
그렇다면 어느 정도까지 물들었나? 미국인들이 곧잘 보여주는 비상식적인 논의, 즉 과학
적 합리주의의 승리를 구현했다고 여겨지는 가장 환원주의적인 사회생물학과 혼동되는
진화론과 짜깁기된 창조론 사이의 비상식적인 논의를 비판 없이 재생산할 정도다. 종교
적 영향에 저항하는 전 세계적 차원의 '브라이트 운동'이 '이기적 유전자'의 아버지 리처드
도킨스 외에 또 다른 지도자를 찾을 수도, 찾고 싶어하지도 않을 정도로 말이다.
결국 미국은 우리에게 그다지 많은 자유를 남기지 않은 셈이다."

제로 되돌아가는 것으로 이어진다. 다윈의 자연주의와 인류학이라는 틀은 창조론이나 목적론에 물들지 않은 채 이 문제들을 생각하게 해주는데, 이 사실은 창조론과 목적론의 추종자들이 다윈을 주요 표적으로 삼는 이유를 폭넓게 설명해준다.

'비약' 혹은 '양적 도약'이라는 수단을 자주 사용하는 것이 불충분 혹은 부적절하다는 점을 의식한 채로, 나는 다른 책에서 자연/문화 간 관계라는 전통적인 질문에 관해 진화의 가역적 효과 개념은 '유물론을 가능하게 만든다'고 수차례 단언하게 되었다. 이는 다윈에 이르러 자연/문명 연속체의 이해를 구조화하는 개념으로 형성되고 명시되기 이전에는 유물론이 불완전했다는 것을 의미하는 듯하며, 사실상 이를 의미한다. 문명은 대부분 도덕의 확립에 기반을 두며, 이봉 키니우가 완벽하게 주장했던 것처럼[110] 철학 안에서 유물론과 도덕 간의 관계에 대한 질문은 해결되지 않은 채 남아 있다. 나는 이러한 자연/문명 연속체의 특징을 점진적인 반전, 곧 단절 없는 방향 전환이라고 정리했다. 하지만 이러한 방향 전환은 타자에 대한 근본적 관계에서 서로 대립되는 두 방식(전쟁 대 평화, 도태 대 보호·원조·구호, 경쟁 대 연대적 통합, 강자의 법칙 대 당위, 이기주의 대 이타주의 등) 간에 단절 효과를 낸다. 나는 이러한 핵심적인 구분을 이해시키는 데에 종종 뫼비우스의 고리라는 위상학적 은유의 도움을 받았다. 여기서 '뒷면'으로의 이행은 반드시 연속적인 이행이

---

110 『도덕에 관한 유물론적 연구』, Paris, Kimé, 2002.

며, 끊이지 않는 연속적 유전을 요하는 '계보학적' 유형의 과정이 전개되는 이곳에서는 그 어떠한 '단절'도 실재할 수 없다.(그리고 계통발생학은 이러한 발생의 연속성을 끝없이 회복하기를 강요한다.) 어떠한 변이가 나타나고 유전되는 것은 불연속성이 아니라, 변화를 포함하는 어느 연속체를 구성하는 것이다. 앞서 증명했듯, 뫼비우스의 고리는 연속적 변화라는 현상을 공간적 이미지를 통해 생각하게 해준다.

뫼비우스의 고리가 그저 교육적 도구 차원에서 '뒷면으로의 연속적 이행'의 은유에 불과하다는 사실을 인정하고 나면, 다윈이 자연에서 문명으로의 '이행'이라는 사유에 적용한 실제 모형이 무엇이냐라는 질문이 남아 있다. 여기서 말하는 '이행'이란 즉 도태적 선택이 '더 높은 수준의 도덕성', 즉 연대적 이타주의를 목적으로 개인 간에 작용하는 경쟁 심리로 대체된 것을 말한다. 그런데 이러한 질문은 분기 선택의 핵심 이론을 검토하는 가운데서 그 해답을 찾게 된다. 즉, 이성적 능력과 관련된 성장을 동반한 '사회적 본능'의 강화인 만큼, 본능적인 동시에 지적인 변이는 유리한 것으로 선택되고, 생물 종 내에서 점차 지배적인 위치를 점하는 진화적 경향으로 정의되며, 결국에는 과거의 선택 방식(도태적 선택)을 계속해나가는 데에 불리하게 작용한다. 달리 말하자면, 진화의 '동력'만이 아니라 진화 내부의 기제처럼 여겨져야 하는 이 자연선택은 새롭고 전반적으로 더 유리한 형태를 위해 자신의 과거 형태를 의도적으로 제거함으로써 선택 과정 속 스스로의 작용에 순응한다. 이제 이처럼 증대한 이익은 사회적 감정을, 집단의 긴밀함과 연대성을, 이타적 행동을, 행동규범과 법규의 유래인 도덕심과 합리성을 기반으로 삼으며, 거기에 반대되는 과거의 모든 특징을 퇴행시킨다. 그렇지만 이러한 경향이 지속적으로 실현되는 가운데서, 프랑스 철학자 앙드레 랄랑드가 문명의 '역행'이라고 이름 붙인 바의 근거인 회귀(야수성으로의, 원시로의, 야만으로의)라는 예상치 못한 현상을 완전히 배제할 수는 없다. 그러므로 이는 완전히 자연주의적인 모형이되 그와 동시에 진화적 신기성[새로운 형질의 진화를 말함]의 유래가 되는 모형이다. 이러한 진화적 신기성은 특히 인간을 자기 자신의 힘에 온전히 내맡김으로써 대대적인 단절 효과를 낳고, 이 효과를 통해 인간은 이제 깊이 숙고해야만 하는 변화에 마주하여 즉석에서 무언가를 해내는 능력을 얻게 된다. 인간은 점점 더 자기 환경의 주인이자 개혁자가 됨으로써 진화적 제약을 뛰어넘고 그 결과 더더욱 자유로운 존재가 된다. 그러나 이러한 자유는 이제 본능과 그 상대적인 무류성으로부터 점차 멀어진 지성에 기반을 둔다. 환경에 관한 치명적인 오류의 위험을 내포하는 것이다. 이러한 자유는 생존을 인간 활동에 따른 환경의 변화에 관한 점점 더 이성적이고 집단적인 계산의 결실, 그리고 이에 관련된 위험으로 만든다. 바로 여기에서 생태학적 합리성의 주요한 토대가 되는 구상 중 하나를 찾아볼 수 있는데, 이 같은 구상은 인간이 돌이킬 수 없는 결과를 가져올 수 있으며 스스로의 멸종 환경을 구축하는 데에 자기 능력을 사용할 수 있는 유일한 생물 종이라는 인식과 맞아떨어진다. 죽음의 위험과 지성 사이의 방정식은 앞서 발견했던 사랑과 희생 사이의 방정식, 혹은 상징계의 출현과 진실의 상실 사이의 방정식과 놀라울 정도로 궤를 같이한다.

널리 알려야만 하는, 단절과 단절 효과 간의 구분으로 되돌아가 보자. 동물과 인간 사이의, 혹은 '자연'과 '문화' 사이의 차이를 인정하기를 좋아하는, 그리하여 진화 과정 속에 '단절'을 끼워 넣기를 절대 포기하지 않는 철학자들은 아마도 법이 오직 인간에게만 존재하는 제도라는 사실, 혹은 인간에게 고유하고 인간에게서만 찾아볼 수 있는 정의와 정의욕이라는 도덕 개념으로 되돌아갈 것이다. 그러니 이들은 다윈의 메모를 편찬한 로매니스 같은 행동동물학자가 까마귀들의 '법정'이 존재함을 밝혔다는 사실에 놀랄 것이며,[111] 이 사실은 여타 기록에서도 확인된 바 있다.[112] 철학자들은 얼마든지 이를 가지고 까마귀에 인간을 투사投射시킨 행위라고 말할 것이며, 관습법 혹은 성문법에 지배받는 인간 사회가 행하는 정의와 까마귀

---

111 조지 존 로매니스는 『동물 지능』(1882)에서 다윈의 연구 자료를 이용하여, 둥지를 짓는 데 필요한 재료를 다른 새에게서 훔친 어린 까마귀 한 쌍이 받은 벌에 관한 여러 관찰자의 다양한 이야기를 들려준다. 집단이 행한 '정의'는 둥지를 순식간에 완전히 부수는 것이었다. (이는 조너선 쿠치가 『영국 동물들의 습성에서 추론해낸 본능의 묘사』, London, van Voorst, 1847에서 들려준 이야기다. 로매니스의 『동물 지능』의 1887년도 프랑스어 번역본에는 인쇄 실수로 쿠치가 콘치Conch로 나와 있다.) 로런스 에드먼스턴 박사(다윈의 서신 상대 중 하나로, 로매니스는 실수로 에드먼슨Edmonson이라고 적었다)에 따르면, 셰틀랜드 군도와 페로 제도에서는 습성상 혼자 다니는 뿔까마귀들이 한데 모여 있는 것을 발견했으며 이 같은 모임은 하루나 이틀밖에 가지 않는다고 했다. 집단 토의의 성격을 띠었던 이 모임은 결국에는 큰 소란으로 이어졌으며 붙잡힌 몇몇 개체의 처형으로 끝을 맺었다.

112 일례로 『네이처』, n° 1062, 1893년 10월 7일 자 참조.

집단 내 어느 개체의 형벌 선고 및 처형이라는 집단적 행위 간의 차이를 강조할 것이다. 한편 이들은 까마귀에게 사용될 때에는 어쩔 수 없이 '오용'으로 보이는 이 '법정'이라는 단어가 나타내는 바가, 바로 정의의 진화된 인간적 개념이자 법정의 '문명화된' 현실이라고는 좀처럼 생각하지 못할 것이다. 마찬가지로, 우리가 조류의 '미적' 감정이라고 지칭하는 것에 필연적인 선례의 의미를 부여하는 것 역시 인간적 감정이라고 생각하지 못할 것이다. 철학자들은 칭찬받아 마땅할 만큼 신중한 태도로, 인간적인 자질·능력·태도에 관련된 단어를 어울리지 않게 동물에게 할당하는 것이 인간의 동물화적인 환원으로 전도될 수 있다고 평가한다. 그러나 그들은 이런 식의 명백한 '오용'이야말로 다윈이 초보적인 자질이나 능력, 태도라고 본 것을 지칭할 수 있는 유일한 표현이라는 사실을 읽어내지 못한다. 다시 말하자면, 이런 유의 용어나 '감정'이나 '미적 감각'이라는 용어를 사용하여 조류에게 내재한 '미적 감정'의 원기를 지칭하는 것은 인간적 특징의 근원을 동물의 세계에서 유성 생식과 동일시하는 것으로 되돌아가며, 그러지 않는다면 인간적 특징에는 아무런 선례가 없을 터이다. 그리고 아름다움에 관한 인간의 내재적인 경험이야말로 미적 감정의 시초를 동물에게서 찾아보게 해주는데, 한편 이러한 시초는 진화의 질서 속에서 인간의 미적 감정이 만개하는 데에 필수불가결한 존재였다. 마찬가지로, 앞서 등장했던 조류의 성선택과 구애 행동에 관한 분석은 신체의 장식화에서 상징계의 탄생을 등상하게 했다. 그렇지만 이처럼 명백히 자연적인 몸치장은 현실에서 일부 분리된 신체 언어를 창시하는데, 이 신체 언어는 사실상 현실을 약화시키는 과도한 장식(더군다나 분리 가능한)[113]을 자신이 지닌 힘의 기호로 생산함으로써 현실을 부정할 수 있다.

직립보행하는 포유류에게 자유란 일종의 진화적 경향이었다. 인간은 자기 환경을 지배했으며 이에 적응하는 대신 바꾸었고, 더 지능적인 동시에 덜 본능적이 되었으며, 더 사회적이고 덜 야수적이며 더 연대적이고 더 이타적이 되었을 뿐 아니라, 상징체계와 언어, 종교, 도덕, 법의 섬세한 형태를 만들어냈지만, 개체적 본능의 상대적인 무류성을 잃어버렸다. 이것이 아마도 진화 중인 인간에게 적용된 다윈의 분석에서 도출되는 교훈일 것이다. 오류를 저지르는 능력이야말로 인간의 자유를 판단하는 척도인 셈이다. 인간이 실수할수록, 그는 자신의 자유를 더욱 입증하는 동시에 필연적으로 더 큰 위험에 노출된다. 큰 가지와 잔가지가 서로 분기하는 형태 때문에 보통 나무의 모습으로 표현되는 선택적 진화는, 잘 알고 있듯이, 선택된 신기성이 나타나는 조건으로서 쇠퇴와 도태, 죽음을 내포한다. 능력의 진화를 유념한 채, 본능과 지성이 원래는 '공통의 몸통에서' 서로 나뉘어 있지 않았다는 점에서 출발한다면, 지성의 선택 즉 '특별한 가지'로서 지성의 분리는 오랜 기간에 걸친 본능의 점진적인 망각을 대가로 해야지만 실행될 수 있다는 점을 이해하게 된다. 물론 본능의 풍부한 불균질성은 지성의 자율적인 발전에 유리

---

113 새의 구애용 깃털과 사슴의 뿔이 떨어지는 데서 볼 수 있듯 말이다.

한 조건이었지만, 지성의 선택은 본능에 반反하여 실행된다. 개체적인 본능인 생존 본능은 마찬가지로 개체적인 본능인 먹는 본능, 그리고 개체적인 동시에 이미 굉장히 '사회적인' 본능인 짝짓기 본능을 포함하는데, 초반에 이 각각의 본능은 스스로의 실행 조건으로서 각 개체를 타자의 이미 참여적인 존재와 연결시켰다. 최초에 이러한 본능들이 스스로 융합되었다는 사실에서 출발해보면, 타자가 자신의 생존을 결정짓는 보호에 불가피한 존재임을 주체가 점점 더 분명히 인식하고 깨닫는 만큼, 사회적 본능의 선택은 개체적 본능의 점진적인 분리를 대가로 해야지만 시행될 수 있다는 사실이 쉽게 이해된다. 그러니 인간이 지닌 자연적 방어 능력의 결핍은 인간관계의 강화로 보상되며, 동시에 관계적 생활의 강화는 인간의 지성을 향상시키는 셈이다. 그리고 그 보답으로 지성은 도덕과 사회적 관습, 정치 제도 및 법률의 형태로 인간을 합리적으로 통제되게 해준다. 적성들이 발달하며 서로 활력을 주고 그 성과가 점차 개선된다는 다윈의 견해는 로크의 사상을 근간으로 하고, 콩디야크에 이르러 발전한 경험적 감각론에 많은 빚을 졌으며, 여러 유물론자로 하여금 능력의 기원과 발전에 관해 다양한 가설을 내놓게 만들었다.

그렇지만 본능이 공통의 몸통에서 멀어지고 능력이 진화적인 분기를 맞이하는 것은 '단절'일 수 없다. 다윈의 이론화에서 과거와의 연관성은 '격세유전'(귀선유전)의 형태로 나타나며, 이는 계보학적 연관성이 단절될 수 없다는 점을 공고히 한다. 또한 진화적 신기성, 즉 어느 유리한 변이의 발달을 받아들이는 독자적인 선택 방식에도 단절이 전혀 존재하지 않는다. 문명이 선택되었던 것과 마찬가지로, 환경의 압력에 수동적으로 순응하기보다는 자신의 필요에 환경을 적응시키는 인간의 이성적 능력이 선택되었던 것이다. 그러나 적어도 어느 정도는 새나 비버를 비롯하여 자기 자신 혹은 자손을 위해 생물학적 환경을 개조하는 모든 동물의 행동도 마찬가지 경우가 아닐까? 사람들이 인간만의 특이점이라고 인정하고 싶어하는 타인을 돕고 서로 연대하는 이타주의야말로 원숭이 대부분이 보이는 행동적 특징이 아닌가?[114] 다윈은 동물계의 영웅적 행위[115] 및

---

114 『인간의 유래』, 4장('인간과 하등동물의 지적 능력 비교-계속'), pp. 187~188. "아비시니아[에티오피아의 옛 이름]에서 브렘은 계곡을 지나던 대규모의 개코원숭이 한 무리와 마주쳤다. 원숭이 일부는 이미 산 정면을 올라갔고, 나머지 원숭이들은 아직도 계곡에 있었다. 이 원숭이들이 개들에게 공격받자 나이 든 원숭이들이 그 즉시 암벽에서 얼른 내려오더니 입을 한껏 벌려 우렁찬 포효를 내질렀다. 개들은 재빨리 뒤로 물러섰지만 다시 공격하라는 부추김을 받았다. 그사이 태어난 지 여섯 달 된 새끼원숭이가 한 마리만 빼고 모든 개코원숭이가 위로 올라갔다. 새끼원숭이는 목청껏 도움을 요청하며 바위로 기어 올라갔고, 개들에게 포위되었다. 그러자 가장 덩치 큰 수컷 한 마리가 산에서 다시 내려와 새끼원숭이를 향해 천천히 바위를 올라갔다. 영웅은 새끼를 부드럽게 쓰다듬고는 당당히 데리고 갔다. 개들은 너무 놀라서 공격할 엄두도 내지 못했다. 나는 이 브렘이라는 박물학자가 목격한 또 다른 장면을 묘사하고픈 마음을 억누르지 못하겠다. 독수리 한 마리가 나뭇가지에 매달려 있던 긴꼬리원숭이가 새끼를 붙잡았지만 곧바로 데려가지 못했다. 새끼원숭이는 도와달라고 크게 울부짖었고 무리의 다른 구성원들이 떠들썩한 소리를 내며 새끼를 구하러 달려왔다. 원숭이들이 독수리를 둘러싸더니 깃털을 잡아 뽑았고, 독수리는 먹잇감을 신경 쓰기는커녕 도망칠 궁리밖에 할 수 없었다. 브렘이 지적하듯, 앞으로 이 독수리는 무리에 속해 있는 어느 원숭이 한 마리도 절대 공격하지 않을 것임이 분명하다.

115 같은 책, 4장, p. 190. "공감이 초래한 영웅적 행동의 예를 딱 한 가지만 들어보겠다. 미국 원숭이 새끼와 관련된 이야기다. 지금으로부터 몇 년 전, 어느 동물원 관리인이 자기 목에 난 깊은 상처를 내게 보여주었다. 그가 바닥에 무릎 꿇고 앉아 있을 때 어느 난폭한 개코원숭이가 물어서 낸 상처였는데, 거의 아물지 않은 상태였다. 관리자와 굉장히 친한 사이였던 어린 원숭이 하나가 이 개코원숭이와 같은 구역에서 생활했는데, 이 덩치 큰 원숭

약자 보호라는 현상을 인상적인 예시를 들어 증명할 때 항상 이 원숭이의 사례를 수차례 언급했다. 자유의 자연사가 존재하듯이 도덕의 자연사도 존재하는 것이다.

헌데 철학자들의 전통적인 문제 제기 방식을 되풀이하자면, 도덕적 자유의 기반은 무엇인가? 그리고 가치감이란 무엇인가? 가치감이 지닌 숭고함과 보편적이고자 하는 바람에 대한 직관을 엄밀히 자연주의적으로 어떻게 설명할 것인가? 다윈이 실현해냈으므로 본질적으로 가능한, 도덕의 유물론적 계보학은 어째서 도덕이 묘사하는 것에 대해, 가치를 둘러싼 존경심을 불러일으킬 수 없어 보이는가? 다윈이 어김없이 사용하는 용어(그리고 이렇게 언급된 가치에 대한 다윈의 참여적인 동의의 표현이기도 한)를 여기서 반복하자면, '고상한' 동기에 따르는 '고결한' 행동은, 다윈이 하는 식으로 그 안에 내재한 결정들의 실질적인 연쇄작용을 복원해보면, 어째서 그 존경스러운 특징을 잃는 듯 보이는 것일까?

『인간의 유래』의 '인류학적' 장들을 치밀하게 읽다보면 이러한 질문들에서 벗어날 수가 없다. 이는 유물론과 도덕의 관계라는 민감한 질문에 특별히 할애한 어느 저서[116]에서 이봉 키니우가 철학의

이를 매우 무서워했더랬다. 그런데 자기 친구가 위험에 처한 것을 보자마자 어린 원숭이는 도우러 달려와 목청껏 소리 지르고 여기저기 깨물어 개코원숭이의 주의를 돌리는 데에 성공했다. 덕분에 관리인은 의사의 말에 따르면 목숨을 잃을 뻔한 위험을 겪고 난 후 가까스로 달아날 수 있었다."

116 이봉 키니우, 『도덕에 관한 유물론적 연구』, 2장 「진화 현상으로서의 도덕: 연속성, 출현, 단절」, pp. 47~54.

영역에서 굉장히 날카롭게 제기했던 질문들이다. 여기서 나는 대답을 구상하는 과정에 철학적 '소재'를 포함하면서도 철학적 '방식'과는 거리를 두도록 유의하면서 대답하는 데에 전념하겠다. 다시 말하자면, 철학을 무엇보다도 자신의 이론을 통해 확립한 용어들로 해석 가능한 재료로 보았던[117] 다윈의 방식대로 대답하겠다는 얘기다.

이봉 키니우는 인간에게 도덕이란 유물론적일 수밖에 없는 과학적 접근의 근본적 요건에 가장 저항적인 요소인 듯하다는 지적으로 시작한다. 이 과학적 접근은 인간이 처한 현실을 객관적 원인으로 환원하여 설명하며, 키니우는 이러한 방식이 인간의 현실을 파괴하도록 되어 있는 것 같다고 말한다. 그의 문장을 인용해보겠다. "인간에 관련된 모든 구성 요소 가운데 도덕은 필연적으로 유물론적일 수밖에 없는 과학적 설명에 가장 저항적으로 보이는 요소인 듯하며, 인간의 초월적 기원을 가리키거나 적어도 물질성으로 환원될 수 없는 정수를 보여주는 듯하다. 그러므로 도덕은 관념론의 마지막 피난처이며 이 피난처는 난공불락의 존재로 보인다. 게다가 과학적 설명이 진실임이 확증되면, 이 같은 설명은 도덕을 순전히 자연적인 현상으로 환원함으로써 도덕을 파괴할 수밖에 없는 것 같다. 그리고 도덕을 논거로 삼아, 도덕주의적 관념론은 이 비도덕주의적 유물론을 압도하기를 강요한다."[118]

문장 말미에서 반복적으로 사용되는 불확실성의 표현(~듯하다,

---

117 바로 이 점에 관해서는 파트리크 토르, 『다윈과 철학』을 참조할 수 있다.
118 이봉 키니우, 『도덕에 관한 유물론적 연구』, 2장, p. 47.

~것 같다 등)은 착각(그뿐만 아니라, 유물론 사상의 주요 레퍼런스로 이 책 뒷부분에서 인용한 세 명의 저자인 니체와 프로이트, 마르크스에게서도 서로 다른 수준으로 나타나는)이라는 있을 수 있는 문제에 대한 문체상의 여지처럼 문장 속에 자리 잡고 있다. 이러한 여지가 의미하는 듯한 바가 바로 뒷부분에 이어지긴 하지만, 그덕분에 곧바로 우리는 오늘날 유물론적 관점에서 대답하기에 바람직한 질문들을 다음과 같이 던져볼 수 있을 것이다. 왜 도덕적 '요소'의 초월적 기원에 관해 착각을 품는가? 왜 도덕의 과학적 설명이 '도덕'(이는 어느 사회의 각 구성원에게 강요된 가치의 내면적 경험에 불과한데도)을 파괴하게 되어 있다고 느끼는가? 어째서 관념론이 도덕적 승리감을 필요로 하는가? 심지어 논리적으로 볼 때 다윈의 윤리관은 유물론적 유물론임이 틀림없는데 어째서 이 유물론적 윤리관이 아니라 '비도덕주의적 유물론'과 '도덕적 관념론'을 대치시키는 의무론 같은 것에 굴복하는가? 이는 니체의 일상적인 표현 때문에 '비도덕주의적 유물론'이라는 용어가 키니우에게 강요되었던 것이라고 짐작해볼 수 있다. 키니우는 이 표현을 오랫동안 분석했고 반박해왔으며, 이 표현은 그가 '~인 것처럼 보인다'라는 유일한 대안을 제안하도록 이끌었다. 이 '불확실성의 표현'을 사용하는 대안은 유물론이 반드시 비도덕하다는 것을 전제하는 듯 보이는데, 이는 키니우가 이러한 선험적 추리 혹은 자명한 이치를 단지 일시적으로만 받아들인 뒤 그것을 더 잘 제거하기 위함이다. 다윈에게나 앞서 언급한 다른 세 명(니체, 프로이트, 마르크스)에게나, 생生은 의식을 결

정하며 이는 모든 진화생물학의 이중적 규칙, 즉 능력에는 생물적인 기반이 존재한다는 규칙과 계보학적 연속성의 규칙에 따르는 의식의 자연사가 존재한다는 사실을 이끌어낸다. 살아 있는 인간에게 의식은 하나의 물질적 통합 단위(그 자체로 특수한 기관인 뇌를 갖춘 인체)에서 나타난 산물이며, 계통발생학적 관점에서 이러한 의식은 태초의 원시생물 형태 이후로 계속된 역사를 보여준다. 이러한 필연적 연속성은 철학에서는 생각하기 어려운 것이며, 이는 결국 단절이라는 소재를 재도입하기 위해 계획된 분석에 다시금 시사성을 부여하는 작업에 불과한 어느 분석 계획의 의미심장한 문장에서 잘 드러난다. "그러므로 [다윈은] 동물과 인간의 유물론적 연속성을 단언하는 동시에, 특정한 형태의 생물 발현을 주장한다. 이는 단절이라는 근원적인 문제를 유지시킨다."[119] 이 문장의 첫 번째 제안은 합당하다.(동물/인간 간의 연속성을 다룬 제안. 이러한 연속성은 오늘날 생물과학의 모든 분야에서 그 확실성이 계통발생학적으로 강화되었다.) 두 번째 제안은 다윈적 관점으로 볼 때 개념적으로 거짓이다. 만일 '특정한 형태의 생물 발현'이라는 표현이 인류에게 한정된 도덕적 의식의 출현 혹은 동물적인 선례가 없는 도덕의 존재를 의미한다면(하지만 이는 첫 번째 제안으로 반박되며, 다윈은 이러한 논증을 인류의 바깥에도 도덕적 의식의 시초가 존재한다는 가장 명백한 증거를 매번 수많은 동물적 사례 가운데서 찾아내면서 반박했는데 이는 이봉

---

119 같은 곳.

키니우가 주해했던 내용이기도 하다), 철학적 관점에서는 다윈이 연속성에 관해 '단절이라는 근원적인 문제를 유지시킨다'고 단언할 수 있다는 사실을 이해하게 된다. 하지만 다윈에 관한 진정한 문제는 사실, 형이상학을 지배하듯 여전히 철학을 지배하는 오래된 이원론으로 유지되는 단절에 관한 착각이다. 마찬가지로, 다윈에 관련된 진정한 문제는 도덕의 초월성이 아니라 도덕의 초월성에 관한 착각의 형성이다. 이 같은 착각은 현실에서 실제적인 효과이자 실제로 문명화적인 효과처럼 작용한다. 필연적이자 최종적으로는 종교(프로이트는 일개 착각으로 보았으며 다윈은 실제로 문명화적인 착각으로 보았던)의 경우가 바로 그렇다. 그리고 이 지점에서 다윈은 프로이트의 사상을 '예고했는데', 바로 이 독특한 점을 심리학자 파트리크 라코스트는 다음의 문장으로 훌륭히 요약했다. "문명은 충동의 포기를 강요함으로써 신경증에 걸리고, 신경증은 충동의 포기를 장려함으로써 문명화된다."[120] 그러니 프로이트가 이런 부분에 몰두했으니 만큼, 다윈 인류학을 이해하는 데에 지금껏 설명되지 않았던 이러한 측면의 있을 법한 키워드로 프로이트를 기억해두자.

'연속성'에 할애한 단락들에서 이봉 키니우는 그 어떤 오류도 저지르지 않으며 능력의 영역에서 인간의 동물적 선례를 완벽하게 설명했다. 하지만 반드시 주석을 달아야 하는 대목이 하나 있다. "그렇게 하여 공감 혹은 여타 도덕적 감정은 동물계에도 선례를 지니

---

120 파트리크 토르(지휘), 『다윈을 위하여』 중 파트리크 라코스트, 「인간의 심리적 변화: 프로이트적 버전 및 다윈적 가역성」, p. 118.

게 된다. 이 감정들이 일시적인 발달 과정을 거치는 한, 감정의 결정적인 질적 분화를 발생시키는 것은 그 양적 차이의 총합에 불과하다. 그런데 이 질적 분화는 처음의 차이와는 상반되는데, 오로지 인간만이 진정으로 '도덕적 존재'이기(가 되기) 때문이다. 따라서 연속성 혹은 점진성의 원칙은 도덕성과 동물성 사이의 격차에 관련된 최초의 난관을 제거하게 해주는 셈이다."[121]

먼저 다윈주의의 용어로 '결정적인 질적 분화'를 낳는 것은 '양적 차이'가 아니라는 사실에 유의하자. 더구나 일반화된 변증법적 유물론의 개념을 여기에 이런 식으로 도입하는 것은 적절하지 않다. 본능의 변이야말로 그에 필수인 사회적 · 인지적 상관 요소와 함께 주어진 방향과 환경으로 선택되고 전달되며, 환경에 관련된 안정성이야말로 물리적 혹은 기후적 급변에 언제나 좌우되기 때문에 완전히 '결정적'일 수는 없는 방향성을 지닌다. 우리는 인간이 스스로 오류를 범할 위험을 명심하면서 자신의 필요에 맞춰 환경을 대폭 적응시킨다는 사실을 고려해야지만 인간이 환경 속에 확립하는 것의 '지속성'을 추측할 수 있다.

그러므로 키니우의 문제 제기 방식은 단호하고도 한결같이 철학적이다. 출현에 관한 장으로 넘어와서는 이렇게 적었다. "핵심적 명제는 다음과 같다. 도덕적 현상의 출현, 이후 문명화된 인간에게서 다른 발전들과 맞물린 이 현상의 발전은 존재론적 연속성의 내부에

---

121 이봉 키니우, 『도덕에 관한 유물론적 연구』, 2장, p. 49.

서조차 하나의 단절 혹은 질적인 동시에 본질적인 불연속성(설령 점진성이 존재한다 하더라도)을 전제하며, 이 사실을 새로운 현실경現實景의 출현처럼 생각할 수 있다는 점을 전제한다는 것이다. 이러한 핵심적 명제를 파트리크 토르는 자연선택이 도덕을 선택한다는 가역적 효과의 개념을 이용하여 완전히 확립했다. 다시 말해, 생명 작동의 과거 형태를 전도시키는 반선택적 행동이 장기적으로는 인류 전체에 유리하다는 것이다. 여기서 모든 철학적인 귀결을 이끌어내야 한다."[122]

키니우의 설명은 비록 질문을 단순화시킬지라도, 철학적으로는 완전무결하며 자신의 첫 번째 결론을 정당화한다. "무엇보다도 가역적 효과는 연속성 속의 불연속성 그리고 연속성에 의한 불연속성을 이성적으로 생각하게 해준다. 가역적 효과는 도덕을 그것이 유래되었던 본연의 모습으로 환원하지 않고도, 다시 말해 도덕을 이론적으로 파괴하지 않고도 도덕을 설명해준다. (⋯) 따라서 이러한 설명 기제는 (양적) 단절을 단절 효과라는 형태로 (존재론적인) 비단절 속에 위치시킨다. 어떻게 보면 이는 내재성 속의, 내재성에 의한 궁극적인 초월성인 셈이다."[123]

이는 자신의 언어에 갇힌 착각을 신봉하여 진실을 설명하는 기묘한 철학 놀음인데, 이 같은 진실은 오히려 착각을 해명하도록 되어 있다. 이처럼 흉내 내기 놀음을 할 때 키니우의 유물론적 철학은

---

122 같은 책, p. 50.
123 같은 곳.

철학적으로는 조금의 오역도 저지르지 않지만, 문제의 해결책이 반드시 철학 속에 존재한다고 단순히 생각함으로써 어쩔 수 없이 관념론으로 남아 있게 된다. 여기서 내가 언제나 다윈에게 그 공을 돌렸던 '진화의 가역적 효과'라는 개념의 저자로서 특권을 받아들인다면, 이 개념은 철학적 개념이 아니라고 다시 한번 말하겠다. 나는 2003년에 게재된 어느 인터뷰[124]에서 로랑 마이예의 질문에 이러한 확신을 발전시켜나갔으며, 여기서는 단지 정확성을 더하기 위해 인용한다.

질문: 당신은 이처럼 문명에 관한 다윈의 이론을 설명, 해명, 혹은 명시하기 위해 '진화의 가역적 효과'라는 개념을 제안했다. 정확히 어떤 개념인가? 경험론적인 개념인가, 이론적인 구문인가 아니면 마르크스주의를 계승한 철학적 개념인가?

대답: 선택 이론에서 유래된, 그리고 이론 자체에 내재된 반박 형태의 모순을 논리적으로 처리한 데서 유래된 다윈주의적 개념이다. 다윈은 생물학적인(그러므로 인간을 포함하여 모든 생물체에 관련된) 진화의 유일한 동력이 부적자의 도태를 내포한 자연선택이라고 밝혀냈다. 그런데 그는 '문명' 상태라고 부르는 것의 내부에서, 부적자의 자연도태에 정확히 반대되는 현상, 즉 약자의 보호

---

124 파트리크 토르, 「다윈주의의 이중적 혁명」, 『과학과 미래』 번외호, n° 134, 2003년 4~5월호, pp. 10~13.

에 의해 부적자의 자연도태가 점차 제거되는 현상을 목도하게 된다고 경험론적으로 증명한다. 병자와 장애인이 자연적으로 절멸하도록 놔두는 대신, 문명은 그들을 구제하고 사회에 새로이 적응시키는 데에 전념한다. 그것이 신체적 혹은 정신적 약점에 속하건, 물질적 빈궁 혹은 사회적 무능에 속하건, 개인적인 결함은 인간 사회의 연대적 개입으로 보상된다. 그리고 인간 사회는 이러한 의무를 문명의 질서 속 인간 사회의 고유한 발전에 기본적인 규칙으로 포함시킨다. 도덕과 제도, 법규는 약한 존재의 갱생에 기여한다. 자연선택만의 지배를 받는다고 알고 있는 연속적 진화의 내부에서 어떻게 이런 일이 일어날 수 있는가? 오히려 상대적인 열등성의 흔적을 지닌 모든 것을 파괴하는 것이 자연선택의 본질인데 말이다.

이에 다윈은 자연선택, 유리한 생물적 변이를 우선시하는 바로 그 선택이 본능 역시 선택한다고 설명한다. 그런데 인간 종 내부에서 선택적 특권은 합리성의 증가와 함께 사회적 본능의 발달을 촉진시켰던 것이다. 이 사회적 본능은 연대적인 행동, 능동적인 공동체 관계 형성, 공감을 촉발시킨다. 이를 통해 자연선택은 이제 와서는 과거 자연선택의 특징을 보여주는 듯한 과거의 도태적 행동을 점점 더 뚜렷이 저지함으로써 원조와 구제를 간접적으로 장려했다. 이제 선택은 선택 작용을 점차 역전하여, 그 과정 속에 근본적인 이율배반이나 실질적인 단절도 없이, 반선택적 행동을 선택한다. 그리하여 사회적 본능을 통해, 그리고 이를 공동체 내

관계들의 구조화에 정서적이고 이성적으로 통합함으로써, 자연선택은 자연선택에 반대되는 문명을 선택한 것이다.

이것이 바로 내가 1983년에 진화의 가역적 효과라 이름 붙인 기제다.[125]

이 개념이 비록 철학과 인문학에 매우 풍요로운 발전을 가져오긴 했지만, 이 개념은 철학적 개념이 아니다. 그 기반 자체는 분명 경험론적이다. 왜냐하면 이 개념은 '문명'이 만든 행위의 진화적 경향이라는 표현을 어떻게 바라보고 해석하느냐에 달려 있기 때문이다. 그러고 나면 이 개념의 필연성은 당연한 것이 된다. 유일한 법칙(자연선택)에 의해 지배되는 진화적 연속주의의 차원에서 도태적인 생물학적 역학과 반도태적인 문명이라는 귀결 사이의 비모순이 가하는 엄밀한 제약으로 이러한 필연성이 결정되기 때문이다. 그러나 이 개념은 도태의 지배를 받는 연속적 과정 속에서 도태와 반도태가 이루어내는 명백한 모순의 초월을 내포하기 때문에 변증법적 논리에 속한다. 내가 설명했던 내용을 다윈의 표현으로 살펴보면, 진화의 원칙 및 기제인 자연선택이 사회적 본능과 그에 연관된 능력을 우선시하여 의도적으로 도태의 의도적 도태라는 결과를 낳으며 스스로의 (도태적) 법칙을 따르게된다. 따라서 스스로의 법칙을 따르게 된 자연선택은 원칙상의 중단 없이, 개체적이고 생물적인 차원이 아니라 전적이고 실질적

---

125 파트리크 토르, 『계층 구조적 사고와 진화』, 가역적 효과라는 개념은 앞서 언급했듯이 1980년으로 거슬러 올라간다.

으로 사회적인 차원의 이익을 선택하는, [지금까지와는] 다른 진화를 야기한다. 이리하여 사회성은 생명 현상에 관해 의도적인 반전을 표출하며 생명 현상에 갑자기 나타난 속성이 된다. 결국에는 이론의 일관성이 지켜진 셈인데, 이론에 적용되는 모형(그리고 자연선택 자체에 진화 기제로서 적용되는 모형)은 분기의 선택 및 과거 형태의 쇠퇴라는 근본적인 모형으로 남아 있기 때문이다.

이처럼 자연과 문명 간의 단절 효과의 생성을 단절 없이 이해하는 개념은 사회와 도덕이 만들어낸 모든 초월성을 자연의 질서와 근본적으로 다른 질서로서 인간 진화에서 배제한다. 그러나 이 개념은 선택 법칙의 뒷면으로의 점진적인 이행을 인정하길 요하며, 생물과학과 사회과학 간의 착오 및 반목을 완전히 막음으로써 두 분야를 화해시키는 동시에 각자 차별화한다. 왜냐하면 '인간 고유'를 구성하는 그 무엇도 자연의 질서와 계보학적으로 무관하지 않으며, 또 그렇다고 그것을 현 상황에서 그러한 고유성의 출현을 가능하게 했던 것으로 환원할 수도 없기 때문이다. 이는 사회생물학적 환원주의를 다윈 이론에 관한 그것의 단편적이고 이념적인 해석적 제약으로 되돌려 보내며, 결국에는 통합적 유물론을 가능하게 한다. 이 통합적 유물론은 도덕의 기원 문제에 더 이상 부딪히지 않으며, 이렇게 증명된 설명적 효력을 통해 과학에서의 그 근본적인 방법론적 필연성을 보여준다.

예나 지금이나 나는 묘사된 과정(자연/문명)의 양극단 및 서로 구분된 '상태들' 사이에 '단절'이 조금이라도 있을 수 있다는 견해를 수긍할 만한 그 무엇도 찾지 못했다. 여러 상관적 요소 및 그것들의 영향을 동반한 어느 새로운 형질의 진화적 발달은, 비록 창조물이 창조자와 대립되더라도 창조의 산물일 수밖에 없는 것과 마찬가지로, 일종의 '불연속성'으로 생각될 수 없다. 사회적 본능을 우선시하는 선택이 강화될 때에도 진화적 연속체를 중단시키는 것은 존재하지 않는다. 앞서 나는 진화의 가역적 효과를 쉽게 상징하여 보여주기 위해 뫼비우스의 고리라는 수단을 사용했다. 이 뫼비우스의 고리가 진화적 연속성에서 행동의 두 상반된 상태(투쟁 대 협력)를 단절 없이 연결시키는 방향 전환을 보여주는 단순한 교육상의 은유로 작용한다는 점을 이해한다면, 이 은유에서 벗어나 현실 속에서 그러한 효과를 낳을 수 있는 진정한 기제가 무엇인지 요구할 수 있을 것이다. 그리고 이러한 기제는 라보가 묘사한 연속변이 모형(앞 내용 참조, 103~104쪽)이나, 이미 수차례 논평했던 분기의 선택 및 과거 형태의 쇠퇴라는 좀더 일반적인 모형을 따를 것이다. 그 말인즉슨『종의 기원』에 그 도식에 관한 설명이 실려 있는 단순한 계통수들과 유사할 것이라는 얘기다.
　따라서 대립은 단절 없이 형성될 수 있다. 나는 인간을 패권적인 생물 종으로 만들어준 것은 인간의 강점이 아니라 약점이라는 사실을 이미 설명했다. 왜냐하면 바로 이러한 태생적인 열등성에 대하여 관계적이고 이성적인 보상이 선택되었기 때문이다. 그리고 인간

종의 생존과 그 이후의 진화적 승리는 이러한 약점과 보상이 함께 확장되었고, 생존투쟁에 결정적 요소인 보상에 관련된 이익이 약점에 관련된 불리점을 압도하여 인간 종 진화의 주요 동력이 되기까지 했다는 사실을 입증한다. 이에 사회가 강요한 관계적 생활 및 사회적 본능의 발달에 따른 '계몽된' 지성은 '몽매한' 선택에게 바통을 넘겨받았고, 교육에 그 변화의 지휘권을 넘겼다. 그런데 우리는 조류와 포유류에게 학습이 어떠한 위치를 점하는지를, 원숭이에게 모방의 역할이 무엇인지를 목격했다. 또한 여러 생물 종에게서 부모의 예시 및 동반을 통한 실질적 과정의 대물림이 어린 개체가 성체로 성장하는 데 얼마나 중요하게 작용하는지도 살펴보았다. 다윈에게 있어 인간 및 동물의 자연사 고유의 '반복되는 주제'를 말해보자면, 인간과 동물의 능력 사이에는 '정도의 차이가 있을 뿐 본질의 차이는 없다'는 끈질긴 단언일 것이다.

인간의 정신과 고등동물의 정신 간에 존재하는 차이는 비록 상당할지라도, 정도의 차이일 뿐이지 본질의 차이가 아니라는 것은 분명하다. 우리는 인간이 자랑스레 여기는 사랑, 추억, 주의력, 호기심, 모방, 이성 등의 정서와 직관, 다양한 감정, 능력들이 하등동물에게서도 이제 막 싹트는 상태, 심지어 때로는 상당히 발달된 상태로 존재하는 것을 발견할 수 있다. 또한 집에서 기르는 개를 늑대나 자칼과 비교해보면 쉽게 알 수 있듯, 동물은 유전적 개선의 덕을 볼 수 있다. 일반 개념의 형성 및 자의식 같은 몇몇 고차원적 지적 능력이 오로지 인간에게 고유하다는 점을 입증할 수 있다고 가정해보자. 이는 굉장히 의심스러워 보이지만, 이러한 능력들이 고차원으로 발달한 여타 지적 능력의 부수적인 결과에 불과하다는 가정이 없을 법한 것은 아니다. 그리고 이 고차원으로 발달한 지적 능력이란 주로 완벽한 언어를 지속적으로 사용한 데 따른 결과다. 그렇다면 신생아는 몇 살이 되어야 추상 능력을 갖게 되는가? 혹은 자기 자신을 인식하고, 자기 자신의 존재를 고찰하게 되는가? 우리는 이에 답할 수 없다. 그리고 생물 계보의 차원에서는 더더욱 답할 수 없다. 절반은 기술이고 절반은 본능인 언어는 점진적인 진화의 흔적을 여전히 지니고 있다. 우리를 고결하게 만들어주는, 신에 대한 믿음은 전 인류에 보편적인 현상이 아니다. 그리고 영적 요소에 대한 믿음은 또 다른 지적 능력에서 필연적으로 유래했다. 어쩌면 도덕심은 인간과 하등동물 사이에 최상 및 최고의 구분을 제시할 수 있을지도 모른다. 그러나 나는 그 부분에 대해서는 무엇이든 말할 필요를 느끼지 못하겠다. 왜냐하면 나의 가장 최근 시도들은, 인간의 도덕을 구성하는 첫 번째 원칙이며 능동적인 지적 능력과 습성의 효과에 기반을 둔 사회적 본능이 필연적으로 '남에게 대접을 받고자 하는 대로 너희도 남을 대접하라'는 황금률로 이어진다는 것을 증명하길 목표했기 때문이다. 바로 이것이 모든 도덕성의 근본이다.[126]

126 『인간의 유래』, 4장, p. 214.

이러한 텍스트를 침착하게 읽어보면, 그리고 저자가 의도하는 바를 이해하려고 공을 들인다면, 그 안에 단절(그것이 비록 '질적' 단절이더라도)을 다시 도입하려는 철학적 근심에 약간이라도 자리를 내어줄 수 없다는 사실을 이해할 수 있다. 다윈은 그 어떤 능력이든 간에 인간과 동물 간의 격차가 오로지 정도에 따른 차이이지 본질에 따른 차이가 아니라고 분명히 설명했기 때문이다. 정도의 차이란 발달의 정도, 내재적 정교함의 정도, 여타 지적 능력과 비교할 때의 그 중대성의 정도, 진화의 외재적 효율성의 정도이며, 본질의 차이란 '성질'의 차이를 뜻한다. 동시에 다윈은 몇몇 중대한 진화적 요소 혹은 진화된 인간적 형질로 점진적인 발전 능력, 도구의 사용, 동물의 사육화, 소유, 개념적 추상화 능력, 자의식과 자기 분석, 언어, 미적 감각, 변덕, 감사하는 마음, 신비감, 종교적 신앙, 도덕적 의식 등을 꼽고 있는데, 물론 동물계에서 확인된 한계에 대해 충분한 탐구가 이루어지지 않았지만 이러한 한계 너머로 인간 종을 이끌었던 것이 바로 이러한 요소라는 점을 절대 부정하지 않는다. 하지만 개체적 발전으로 말하자면, 사냥에서 쫓기는 동물들은 나이를 먹으며 점차 용의주도하고 신중하며 약삭빨라진다. 도구의 사용으로 말하자면, 원숭이는 돌과 막대기를 도구이자 때로는 무기로 사용한다. 원숭이는 평소 사용하는 돌멩이를 마치 개가 뼈다귀를 감추듯 숨기는 모습도 종종 보이는데, 이는 둥지를 짓는 모든 조류 역시 확실히 지닌 소유의 감정을 드러낸다. 아가일 공작에 따르면 인간만이 지닌 특징이라는 도구 제작은, 규석이 잘 쪼개진다는 점을 생각해보면, 원숭이에게 처음에는 우연한 상황적인 산물이었을 것이다. 그리고 몇몇 유인원에게서는 일시적으로 단을 쌓아 직접 사용하고, 밤에는 잎사귀 더미로 몸을 덮으며, 심지어는 머리에 짚을 써서 햇볕을 가리기도 하는 모습이 발견되었다. 이는 모두 '인간 최초의 조상에게서 나타났던 조악한 건축이나 의복처럼 일부 가장 단순한 기술을 향한'[127] 단계다. 추상 및 일반 개념으로 말하자면, 개는 다른 개나 고양이,[128] 사냥감에 관하여 보편적인 정신적 이미지(자기 주인의 음성언어로 된 어느 단어와 머릿속으로 연결 가능한)를 지니고 있음이 분명해 보인다. 또한, 개의 경우 과거 사냥 장면에 대한 유쾌하거나 괴로운 기억이 우연히 꿈으로 다시 나타나는 형태로 활성화될 수 있는 자기 정체의식의 증거를 제공한다는 사실[129]에

---

127 같은 책, 3장, p. 168.

128 이 점에 관해 다윈은 막스 뮐러에 반대하여, 앞서 인용된 바 있는 또 다른 문헌학자 레슬리 스티븐의 말을 빌리고 있다. "개는 고양이와 양에 대한 일반 개념을 지니고 있으며 그에 해당하는 단어를 일개 철학자만큼이나 잘 알고 있다. 또한 이를 이해할 수 있다는 것은, 비록 말하는 능력보다는 낮은 수준일지라도, 음성학적 지능이 존재한다는 좋은 증거다."(같은 책, p. 174)

129 다윈은 1833년에 프랑스어판 초판이 출간된 루이 에메마르탱의 『가정의 어머니들의 교육에 관하여, 혹은 여성에 의한 인류의 문명화에 관하여』 벨기에판을 프랑스어로 읽었다. 그는 이 책에서 다음의 문단을 찾아내 기록해두었다. "저기 나의 개가 불가 옆에서 막 잠들어 있지 않은가. 개는 얕은 잠에 빠져 있고, 꿈을 꾸고 있다. 그리고 그 꿈속에서 먹잇감을 쫓고 적을 공격한다. 적을 보고 그 소리를 들으며 살점을 물어뜯는다. 개에게는 감각과 열정, 생각이 있다. 나는 개를 부른다. 허깨비로부터 끌어낸다. 개는 다시금 조용해진다. 내가 모자를 집어 들자, 개는 달려와 훌쩍 뛰어오르더니 날 쳐다본다. 나를 유심히 살피고 내 발치에서 어슬렁거리다가 문으로 달려간다. 내가 표현하는 의도에 따라 즐거워하거나 우울해한다. (…) 이것이야말로 동물이 생각하고 염원하며 회상하고 준비하는 모습 아닌가. 때로는 동물에게도 영혼이 있다고 믿을 뻔한 적도 있다. 왜냐하면 나의 지성에 존재하는 현상들을 동물의 지성 가운데서도 결국 발견하게 되기 때문이다."(『낡고 쓸

동의한다면, 어떻게 이 동물에게 정신적 개체성의 형태가 존재함을 인정하지 않을 수 있는가? 더구나 이 동물이 무언가를 식별할 때마다 실행되는 연상 작용에서 이러한 개체성은 폭넓게 발현된다. 한편 능동적인 사육화의 동물적 형태를 찾아야 한다면, 일부 '노예 사역 개미'[다른 개미 종의 유충이나 약충을 훔쳐 노예로 길러내는 개미]를 비롯한 개미의 진디 사육 및 관리는 『종의 기원』에서부터 그 예시를 이미 제공했다. 언어는, 앵무새에게 내재적인 조음 능력이 있는 만큼 조음의 차원에서도 그렇고 다양한 심리 상태 및 경고 형태의 소리 학습이 동물계에 널리 퍼진 현상에서도 알 수 있듯이 소통의 차원에서도, 인간에게 고유한 것이 아니다. 균형성 및 대칭성 선호도를 포함한 청각적이거나 시각적인 미적 감정으로 말하자면, 이 감각 역시 성선택의 효과가 관찰되는 동물의 암컷도 확실히 지니고 있다. 동물의 변덕은 집오리가 쇠오리를 끈질기게 좋아한다든지 암사슴이 수사슴의 짝짓기 경쟁에 끼지 못하는 어린 수컷과 짝을 짓는다든지 하는 형태로 발현될 수 있다. 또한 종교적 신앙에 관해서는 애니미즘의 원시적 형태로 동물적인 선례를 부여할 수 있다. 예컨대 다윈 자신의 개가 바람에 바닥으로 떨어진 자그마한 양산을 앞에 두고, 보이지 않는 침입자를 쫓고자 거세게 짖는 모습이 그것

모없는 메모」, 8, 『노트들』 중, pp. 599~601)
동물 지능에 관한 다윈의 최초 고찰에 대한, 앞의 예보다 좀더 오래된 또 다른 프랑스어 판 출처는 베르사유 궁과 마를리 궁의 왕실 사냥보좌관 샤를 조르주 르부아의 『동물의 지능과 개선 가능성에 관한 철학적 서신』에서 찾아볼 수 있으며, 이 서신에서 다윈은 같은 차원의 직관을 발견했다.

이다. 인간적 능력, 행동, 감정들의 동물적 원기를 지속적으로 보강하기 위해 다윈이 내놓은 수많은 다양한 예증은 상당히 인상적이라. 인간이 공통 조상을 통해 고등 포유류와 늘 공유해왔던 것들과 '질적' 단절 상황에 빠져 있다고 단 한 순간이라도 주장할 엄두를 낼수가 없다. 뫼비우스의 고리라는 교육적 은유를 일종의 가이드로서 지니고 있다면, 이는 단절이 아니라 단절 효과라고 말해야 할 것이다. 도덕법칙의 권위에 관해서도 초월성보다는 초월성 효과라고 말하는 편이 더 바람직한 것처럼 말이다. 그리고 그 두 가지가 같지 않다는 사실을 깊이 새겨두어야 할 것이다.

이제는 도덕적 의식이 남아 있다. 종교(문명을 구성하는 요소이지만 착각에 불과한)에 관련해서는 그것의 기원을 엄밀히 자연주의적인 용어로 설명하는 것이 굉장히 중요하고도 어려운 만큼, 다윈은 여기에 특별히 『인간의 유래』의 한 장(4장)을 통째로 할애했다. 비록 다윈은 마음속으로 그 어떤 종교적 신앙에도 동조하지 않았지만, 우리는 그가 도덕법칙의 규범을 언제나 인정했고 그 뜻에 동조했음을 이해했다. 이는 이봉 키뉘우 역시 분명히 지적했던 사실이다. 그리고 키뉘우가 정확하게 주장하는 바처럼, 다윈이 인정하는 바는 '칸트적 유형의 보편주의적 도덕'이 분명하며 이는 다윈이 그 전개 과정을 설명했던 인간 진화의 지평이자 이상적 귀결인 셈이다. 다윈은 의무감이 표현하는 규범적 이상을 인정했고 긍정했으며 이는 당연한 일이었는데, 키뉘우는 이것이 진화의 산물이기 때문이라고 설명한다. 따라서 도덕법칙은 그것이 행동의 진화적 경향의 방향을 표현하고 지정하는 한 당연히 바람직한 것이며, 이 진화적 경향은 원시성과 야만성 이후 '문명'을 유리한 것으로서 강요한다. 키니우에 따르면, 가역적 효과 덕분에 다윈은 가치판단을 내놓을 수 있고, 사회 진화의 연속적 형태를 비롯해 한 사회 내의 행동 형태를 서열화할 수 있으며, "진화의 실제적 개념과 진보의 규범적 개념을 동일시할 수 있다. 바로 여기에, 반드시 받아들여져야만 하는, 불가피한 순환논리적 특성이 존재하는 것이다."[130] 다시 말해 자연선택에 지배되는 모든 과정에서처럼, 승리하는 것은 인정되어야만 하며 가치는 성공에 동반된다는 얘기다. 그렇지만 철학과 그것의 '단절들'은 철학이 고안해낸 '순환논리'와 함께 이런 상황으로부터 빠져나와, 굉장히 불만족스러운 채로 남는다. 왜냐하면 한편으로, 종교의 착각으로 다시 빠져드는 경우가 아니라면 철학은 도덕에 관한 유물론적 설명을 객관적으로 '능가하는' 도덕을 정당화할 수 없기 때문이다. 또 다른 한편, 논리적으로 보자면 철학은 원시적인 '도덕'과 야만적인 '도덕'이 승리를 거두었던 시기에는 그것들이 정당하고 승리를 거두었다고 여겨질 만한 자격을 가졌다는 사실을 진화적으로 인정해야만 한다. 원시성과 야만성의 열등함을 평가할 수 있었던 것은 문명의 '고상한 관점'이 생겨난 이후였다. 기이하게도 키니우는 다윈의 담론 속에서 그의 인류학이 보여주는 일관성을 이해하는 데 키워드가 되는, 서로 연관된 일련의 특징을 확인하길 삼간다. 그 키

---

130 이봉 키니우, 『도덕에 관한 유물론적 연구』, p. 51.

워드로 말하자면 첫째는 도덕과 종교 간의 역사적 연관성이다. 인류의 주요 종교 대부분은 도덕적 규범 체계를 수립한다는 특징을 지닌다. 둘째는 신앙의 비보편성이며, 여기에는 물론 도덕적 규범의 비보편성 역시 동반된다. 마지막으로 셋째는 규범에 대한 복종에 결부된 가치의 보편감이 지닌 보편성이 그것이다. 다윈이 설명하는 것은, 도덕적 신념은 신앙과 마찬가지로 주어진 문화와 역사적 상황에 따라 굉장히 상대적이며(따라서 다윈은 설명의 차원에서는 상대주의자인 셈이다), 유일하게 보편적인, 즉 모든 상황에 공통적인 것은 바로 집단의 도덕이 규정하는 내용에 대한 보편성의 감정 혹은 자민족 중심적인 신념이라는 것이다. 『인간의 유래』의 4장에서 발췌한 어느 단락은, 다윈의 『자서전』이 폭넓게 증명하듯 그가 종교와 결별하는 데에 주요 역할을 했을 이러한 상대주의가 이론적으로 얼마나 중요한지 단초를 제공할 것이다.

서부 호주의 행정관으로 재임했던 랜더 박사는 자신의 농장에서 일했던 어느 원주민의 일화를 들려주었다. 이 원주민은 아내 한 명을 병으로 잃었는데, 그를 찾아와 애기를 늘어놓았다. "자기 아내를 향한 의무감을 충족시키기 위해, 멀리 떨어진 부족을 찾아가 창으로 여자 하나를 죽이겠다고 합디다. 그렇게 하면 나는 그를 평생토록 감옥에 가둬놓겠다고 말했지요. 그는 이후 몇 달간 농장에서 지냈는데 심각할 정도로 비쩍 말라갔어요. 아내의 영혼이 자기 곁을 떠도는 바람에 잘 수도 먹을 수도 없다고 불평하더군요. 그녀를 위해 목숨 하나를 거두지 않았기 때문에 아내가 구천을 떠도는 거라면서요. 나는 단호한 태도를 취했고, 살인을 실행에 옮긴다면 그 무엇으로도 구제될 수 없을 거라고 단언했습니다." 하지만 남자는 일 년 동안 사라졌다가 멀쩡히 건강한 모습으로 되돌아왔다. 그의 또 다른 아내 하나가 랜더 박사에게 찾아와 자기 남편이 어느 먼 부족에 속한 여인의 목숨을 취했다고 알려주었다. 그러나 법적으로 살인을 입증하는 것은 불가능했다. 이처럼 어느 부족이 신성한 것으로 간주하는 규범의 위반은 가장 심원한 감정을 야기하는 듯하다. 그리고 이는, 규범이 집단의 판단에 기반을 둔다는 점을 제외하고는 사회적 본능과 완전히 무관한 것이다. 우리는 어떻게 이런 기이한 미신들이 세계 도처에 등장했는지는 알 수 없다. 또한 근친상간 같은 몇몇 중대한 실질적 죄악이 어떻게 가장 하등한 미개인들에게조차 혐오스러운 행위(하지만 이런 현상이 완전히 보편적이지는 않다)로 여겨지게 되었는지도 말할 수 없다. 심지어 어떤 부족에게는 성씨가 같은 남녀의 결혼보다, 실제로 서로 혈연이 아닌 사이에서의 근친상간이 훨씬 더 커다란 혐오감을 불러일으키는 존재라는 사실에 대해서는 의심마저 품게 된다. "이러한 법칙의 위반은 호주 원주민들이 가장 끔찍하게 여기는 죄악이며, 이는 북아메리카의 몇몇 부족과 완전히 일치하는 모습을 보인다. 이 두 지방 중 어느 곳에서건, 먼 부족의 소녀를 죽이는 것과 자기 부족의 소녀와 결혼하는 것 중 어느 것이 더 비난받을 만한 일이냐는 질문을 던진다면,

우리가 내놓을 대답과는 완전히 상반된 대답이 아무 망설임 없이 돌아올 것이다."[131]

이 글을 읽었다면 누구든 종교적 상대주의와 도덕적 상대주의, 광의적인 문화적 상대주의 간의 필연적인 일관성을 깊이 새길 수밖에 없을 것이다. 도덕법칙과 의무감은 진화적 현상으로 시간과 공간에 관계된다. 생물 및 인간 진화에 관한 유물론적 이론의 유물론적 해석이 유물론 자체의 이런 단순한 함의에 이토록 판단력이 마비된다는 것은 무척이나 기이한 일이다. 이제 반드시 이해해야 할 것은, 지배 국가의 도덕이 자신의 진화적 우월성을 은연중에 드러내기 때문에, '가치' 판단은 이러한 우월성이 만들어낸, 그리고 집단의 공동적인 자발적 상찬에 그 심리가 반영된 객관적 위계질서에 의해 허용된다는 사실이다. 자신의 문화 및 시대의 도덕에 동조하는 다윈은 금기시된 음식을 먹었다는 이유로 고문받는 힌두교도나, 완수하지 못한 살인으로 말미암아 죄책감에 시달리는 남미 원주민보다 전혀 놀랍지 않다. 하지만 다윈은 그들과 다른데, 왜냐하면 자신이 속한 문화가 점한 '고상한' 관점에서 그는 민족 간의 관계에서 누구는 승리했고 누구는 패배했다는 사실을 밝혀낼 수 있었기 때문이다. 다윈은 지배 현상(소위 '문명화된' 국가, 최종적으로는 빅토리아 시대 영국의 지배) 자체를 문화적 진화의 '의미'로 받아들였으며, 다

---

131 『인간의 유래』, 4장, p. 202.

원의 인류학에서는 자신의 문화(즉 사회 구성, 과학 및 기술, 종교, 정치, 도덕)의 더욱 주요하고 보편적인 적응에서부터 생존투쟁 내의 지속적인 패권까지 모두 지배 현상으로서 고려했다. 따라서 그는 초월적 가치 차원에 의거하지 않고 오히려 대립에서 승리했을 뿐인 가치들이 '우월하다'고 선포함으로써, 문화에 따라 달라지며 실증적인 진보 개념을 옹호하는 고유한 이론에 근거를 둔 셈이다. 그렇기 때문에, 예컨대 모든 인종본질주의의 다원주의적 견해를 보장하는 설명적 상대주의는 진보라는 현상 및 개념을 근본적으로 통합하며, 지배 문화를 향한 시선 속에 그것에 대한 효용감을 포함하는 인류학으로 귀결된다.[132] 연대성, 그리고 타자를 동류로 인정하는 윤

---

[132] 이봉 키니우는 다원주의의 상대주의가 지닌 불가피한 측면을 전적으로 인정하지만, 끝내 그럼에도 이에 분명히 반대되는 듯 보이는 것들로부터 철학적 결론을 이끌어내려 한다. 이를 위하여 키니우는 다윈이 좀더 용이하거나 풍부한 소통을 위해 일부러 기회주의적으로 사용하는 철학적 단어의 몇몇 요소를 기반으로 삼는다. 그런 관점에서 텍스트를 하나 발췌해 인용해보겠다. 이 텍스트는 단지 개인적 및 집단적 감각을 묘사하는 데 다윈이 사용한 철학적 용어(동시에 일상 언어의 용어가 될 수 있는)를 구실삼아 다윈을 철학 속으로 이동시키려는 경향을 보여준다.

"엄밀히 말해, 이러한 접근(도덕을 그것의 사회적 효용성으로 설명하는 방식)은 급진적인 윤리적 상대주의로 귀착되는 듯 보이며, 따라서 '좋지도 나쁘지도' 않은 것으로 귀결되는 듯하다. 왜냐하면 진화적 이익의 척도는 어떠한 가치이든 간에 그것이 존재하는 시점에는 모든 가치 체계에 기능하기 때문이다. 그렇지만 다윈은 거기까지 가지는 않는다. 그는 행동과 가치 체제를 판단하고 서열화하며, 절대적 도덕으로 여겨지는 '보편'의 의미로 진보와 점진적 장악을 논한다. 요컨대, 그는 점차 증대되는 공감의 발달을 결정적인 규범적 현상처럼 기록하며, 이러한 현상은 가치가 향후 절대적인 지배력을 지니게 될 것을 예고한다."

여기서 몇 가지 사실을 분명히 강조하는 편이 바람직할 것이다. 1) 다윈은 묘사하고 설명하지, 설교를 늘어놓지 않는다. 2) '도덕적 습성'의 강화에 동반된 공감의 무한 확장은 문명의 진화적 경향이지 '결정적인 규범적 현상'이 아니다. 이 표현에서 다윈은 아마 그 어떠한 의미도 찾지 못했을 것이며, '가치가 향후 절대적인 지배력을 지니게 될 것'라는 표현에 대해서도 마찬가지다. 다윈이 단 한 번도 사용한 적이 없는 이 표현은 다윈이 4장에

리를 비롯하여 승리자의 무기가 지닌 효용을 전 인류로 확장하는 것은 문명의 일반적이며 보통은 보편주의적인 진화적 경향이다. 그리하여 칸트의 보편주의적 도덕은 규범성의 출현이 진화 과정의 결과로서 지닌 본질의 문제가 계속 이에 제기되며 또 제기하는 불가사의가 더 이상 아니다. 규범성의 출현은 숙고 끝에 제안된, 진화적 경향의 지평이다. 그리고 이런 현상이 지닌 보편주의는 공감의 무한한 확장보다 전혀 놀라운 것이 아니다. 다윈주의 용어로 말하자면 가치 문제야말로 이 공감 감정의 기반인데도, 공감에 관해서는 그 누구도 가치 문제를 제기할 생각을 못하지 않는가. 또한, 사실상 선택된 사회적 본능은 보통 끝없이 증대되고, 자기희생에 이를 수 있는 연대적·이타적 정서감을 응당 만들어내며, 영웅의 자기희생은 그 보답으로 인간 공동체를 가장 확실하게 결속시키는 역할을

서 표현한 단순한 견해와는 완전히 다르게 들린다. 다윈은 미래의 세대에서 사회적 본능이 약화될 수 있으며, 그 결과 '열등한 충동'과 '우등한 충동' 간의 투쟁에서 후자(즉, 개인적 및 집단적 감각에 대한 교육학적 용어로, '덕성')가 승리를 거둘 것이라고 생각할 만한 이유가 전혀 없다고 주장했다. 3) 지배 문화의 '고상한 관점'으로 바라본 위계적 판단이란 단순히 다음의 현상을 보여주는 것에 불과하다. 즉, 지배 문화가 자국의 가치를 지배적 가치로서 생산하고 강요하는 것이며, 이러한 '진보'를 인정하는 것은 상대주의를 파괴하는 행위가 전혀 아니다. 왜냐하면 이는 실질적으로 승리한 문화에 마주하여 다른 모든 문화를 일정한 간격을 두고 배열하는 행위이기 때문이다. 그 어떠한 승리도 최종적이지 않으며, 가장 '문명화된' 국가에서조차 '열등한 충동'(이기적인)과 '우등한 충동'(이타적, 즉 사회적 본능과 공감에 따르는) 사이의 투쟁이, 비록 완화되긴 했지만, 계속 된다는 사실을 상기시키면서 말이다. 이 가장 문명화된 국가야말로, 자신이 지배하는 민족들 간의 관계에서 장기적으로 야만으로 회귀할 수 있다는 사실을 폭넓게 보여주었던 장본인이다. 여기서 우등과 열등이라는 지칭은 다윈이 늘 사용해온 식의 의미이며, 그 어떠한 '절대적' 의미도 가리키지 않는다. 따라서 다윈이 영국의 노예제도주의자들을 '미개인'이라고 지칭하는 데는 아무런 문제가 없다. 이는 감정적인 면과 이성적인 면을 적절히 섞은 비난이기에 앞서, 진화적 인류학을 출발점으로 삼아 발화된 행동적 판단인 셈이다.

한다. 그와 마찬가지로, 사회적 본능을 기반으로 선택된 도덕은 무한 확장을 끝없이 지향하며, 자기희생적 확장이라는 동일한 원칙을 정확히 따르는 규범성(이는 도덕과 불가분인 심리적·정치적 측면이다)을 낳는다. 그러므로 도덕은 미완의 목표를 정하는 데에 전념하는 권위 및 외재성의 가치를 덧입은 듯 보일 수 있다. 그리고 이 미완의 목표를 향해 전 공동체 구성원은 평화적 경쟁심리를 통해 노력하는데, 공동체 내부에서 이 평화적 경쟁심리는 공동체로부터 나오는 개인에 대한 보상이자 호전적인 투쟁을 대체했다. 여기서의 공동체는 집단의 요구에 부응하는 행동과 의지에 대한 대가로서 개인이 요구하는 공적 존중감을 분배하는 주체이며, 철학자들이 말하는 도덕법칙의 절대성, 보편성, 초월성은 유물론적 표현으로는 개인에 대한 공동체의 영향력으로 귀착된다. 이처럼, 종교에 정치적 현실과 심리적 현실이 존재하듯 도덕에도 정치적 현실과 심리적 현실이 존재한다. 그리고 그 무엇도 다윈이 종교적 감정과 도덕감 사이의 필연적인 진화적 연관성에 관해 심사숙고하도록 만들 수 없다. 그 어떤 도덕도 그것이 지닌 정치종교적 기반의 바깥에서는 분석할 수 없기 때문이며, 이 같은 사실은 다양한 문화 사이의 도덕적 교훈이 지닌 다형적이자 모순적인 다원성을 야기한다고 주장할 만한 유일한 '보편'을 구성하기 때문이다. 다윈은 도덕에 관해 심리인류학자로서 말하지 철학자로서 말하는 것이 아니며, 평소와 마찬가지로 철학을 예시이자 참고 자료로 사용한다. 다윈은 칸트가 말한 도덕법칙의 '초월성' 자체가 아니라, 도덕법칙에 초월성을 부여하여 이를 진화적으로 유효하게 만드는 심리적 경향의 조성에 관심을 가졌다. 이는 유물론적 용어로 풀이하자면 결국 가치의 권위가 철학에서, 그리고 '초월성'에 잔류된 형이상학에서 벗어나, 진화심리학과 사회·정치 인류학의 최대한 탈가치화된 영역에 자리 잡아야 한다는 사실로 귀결된다. 분기의 선택이라는 진화 법칙에 따라 도덕이 초월성 효과를 내는 데 전념했던 착각에서 점차 벗어나, 마침내 인정받고 분석된 이성적이며 정서적인 유물론적 기반 위에 자립할 수 있다는 것은 자유라는 과정의 흥미로운 가능성이다.

따라서, 자신이 주제로 삼는 영역인 도덕론[133]에 진화의 가역적 효과를 적용한 첫 번째 철학자였던 이봉 키니우는 철학적으로는 그 어떤 오류도 저지르지 않은 셈이다. 물론 철학에서 '오류'를 논한다는 것이 유의미했던 적이 있는가 하는 질문이 여전히 남아 있지만 말이다. 키니우는 설명 대상의 효용성을 파괴하지 않는, 도덕의 유물론적 설명이 다윈에게 존재함을 이해했다. 그는 도덕의 내재적 기원에 관한 설명의 전개를 이해했으며, 그와 동시에 관념론의 초월적 주제, 혹은 세계의 어느 위대한 신이라는 기준에서 벗어난다. 이는 자연 스스로가 '문명' 속에서 사실상 자신의 법칙과 끊임없이 대립하는 것을 만들어낸다는 점을 현상으로 강요된 변증성과 관찰과 논리를 통해, 필연적인 동시에 예기치 않게 이해하게 될 정도로 자연주의적이고 일원론적인 유물론을 발전시켜나가는 셈이다. 키

---

133 키니우의 학위논문 『니체 혹은 불가능한 비도덕주의』, Paris, Kimé, 1993를 참조. 이 어려운 질문에 관해 문제를 제기하는 논문상의 노력은 완전히 전대미문의 수준이다.

니우가 그럼에도 도덕의 출현으로 실현된 작용을 지칭하는 데 '단절'이라는 용어를 계속 사용하는 것은, 그가 뫼비우스의 고리라는 교육용 은유에서 '뒷면의 연속적 이행'을 한 면에서 다른 면으로의 변화(게다가 이는 반드시 '단절'에 해당하지도 않는다)처럼 해석하기 때문이다. 이는 뫼비우스의 고리를 만들 때 사용했던, 두 개 면으로 이루어진 원래의 띠를 마음속에 그려볼 때에만 비로소 들어맞는 얘기다. 고리의 모든 부분을 두 손가락으로 잡을 수 있으므로 종이 띠라는 물질적 존재의 모든 부분에서는 양면성이 느껴지는데, 이 양면성은 뫼비우스의 고리를 만들 때 한 번 꼬는 행위를 통해 사라지며, 이렇게 만들어진 고리는 하나의 면만을 지닌다. 그런데 나는 뫼비우스의 고리라는 위상학적 은유가, 다윈에 따르면 자연과 문화 간의 관계에 대하여 획득되는 새로운 명료성을 보장한다고 수차례 명확히 말했다. 여기서 이 자연과 문화 간의 관계는 사회생물학으로 구현된 '단면적인' 혹은 '선형적인' 연속성의 교조주의와도, 인문과학의 급진적인 자치주의로 구현된 단절의 교조주의와도 대조된다. 그리고 바로 그러한 점에서, 이 개념은 유물론의 새로운 일관성을 확립하는 데에 핵심적 역할(온전한 의미로는 변증법적 역할)을 한다. 그러나 나는 또한 다윈에게 진화적 분기의 기제를 표현하는 계통수야말로 진정한 모형으로 남아 있다는 점을 강조했다. 이러한 모형은 정의상 계통발생학적이며 그 결과 현재 생존하는 형태의 계보에는 그 어떤 유전적 불연속성도 포함하지 않는다. 선택 작용을 고려한다면, 이 같은 모형은 선택된 이후 자신의 모형母形을 결정하는 특징과 때때로 상반되는 특징을 발달시킬 특색이나 적성의 탄생 및 점진적인 분리를 포괄적으로 생각하게 해준다.

뫼비우스의 고리가 지닌 근사한 이미지는 분명 철학자들을 매혹할 만한 것이며, 진화의 가역적 효과라는 개념은 물론 변증법적 움직임의 본질을 표현하기에 특히 적절하다. 그리고 이 개념이 그것을 완벽하게 표현해낸다면, 이는 바로 서로 다르지 않았던 것들이 이후 달라지는 심급들 간의 점진적인 구분을 단절을 가정하지 않은 채 생각하게 해주기 때문이다. 혹은, 본능과 지성처럼 결승점에 이르러서는 서로 다르며 반대되는 심급들이 공통의 기원을 지녔다는 사실을 이해시켜주기 때문이다. 도덕은 사회적 본능과 지성에서 유래한 산물로, 이 지성 자체도 선택 과정을 통해 본능에서 구분되고 멀어져 결국에는 분리된 것이다. 다윈의 일원론적 유물론, 즉 진화적 분기 이론의 유물론은 자연적 연속체 속에 '단절'을 재도입하려는 형이상학적 명령을 일관되게 무시한다. 그렇지만 인간, 특히 문명화된 인간의 내면에 이성적 능력의 장악력이 증대한 데 따른 혁신력이 존재함은 인정한다. 이 혁신력이야말로 개체적 본능이 보장하는 상대적인 무류성을 의도적으로 제거하여 인간과 자연과의 관계에서 문제를 야기하는 장본인이다.

이처럼 자연선택의 느리고 연장된 작용을 통해, 적응적 이익을 보이는 본능 즉 '사회적 본능류'는 공동 발달을 경험한 합리적 지성과 공조하여 '문명'이라는 이름의 사회적 조직 상태를 만들어내며, 이 조직은 이타주의의 제도화 및 공감의 지배를 받는다. 그러므로 이러한 본능은 본능의 가장 발달된 결과물 중 엄밀히 개체적인 본능(개인 행복의 보존과 증진에 관련된)과 반대된다. 그렇지만 앞서 증명했듯이, 이 개체적 본능의 내부에서는 대상 선택, 죽음의 위험, 그리고 자기희생에 대한 접근 수단이 짝짓기와 구애 의식을 통해, 헌신적인 자손 보호를 통해 꾸준히 마련된다. 만일 이 현상에서 그 구조를 나타내는 '변증법적인' 도식을 끌어내길 바란다면, 특정 조건 아래에서, 본능이 발현되는 방향을 역전시킬 정도로 지배적 특징들을 반전시킬 수 있는 사회적 본능의 한 형태가 이미 본능의 내부에 존재했다고 말할 것이다. 앞서 인용되었던, 『인간의 유래』 5장의 어느 의미심장한 구절을 되새겨보자. "반면, 문명화된 인간인 우리는 도태 과정을 억제하고자 최선을 다한다." 다윈은 여기서 '반면'이라는 표현의 중요성을 정확히 알았다. 그가 병자와 불구자의 보호 및 구제법에 관해 제시한 예시는 사실상 도태의 자유로운 작용과 완전히 반대되는 것이다. 그러한 면에서 다윈이 생물학적 차원으로 볼 때 최빈곤층 인구가 늘어나는 데서 오는 불가피한 악영향을 강조하는 것은 사촌인 골턴의 우생학을 지지하고자 하는 것이 전혀 아니라, 야만과 문명 간의 대립에, 그리고 여기서 다시금 인용하는, 다음의 단락에서 자신이 발전시켜나가는 견해에 더 큰 힘을 싣기 위해서다. 이 단락에서 다윈은 그 어떤 희생을 치르더라도 불행한 자를 돕고 기어코 모든 약자를 사회에 재적응시키도록 우리를 내모는 공감을 '우리 본성의 가장 고결한 부분'으로 지칭한다.

우리는 우리 본성의 가장 고결한 부분에 심각한 손상을 겪는 경우가 아니라면, 엄준한 이성의 압력 아래에서조차 공감 능력을 억누를 수 없다. 수술을 집도하는 외과의가 마음을 굳게 먹을 수 있는 것은 자신이 환자를 위해 행동하고 있다는 사실을 알고 있기 때문이다. 그러나 만일 우리가 약하고 무력한 이를 의도적으로 무시한다면, 그 목적은 우리를 압도하는 현재의 악덕에 연결된 불확정한 이익일 것이다. 그러므로 우리는 약자의 생존과 그들의 번식이 가져오는 확실한 악영향을 감수해야만 한다.[134]

이 단락은 당대의 중대한 사회정치적 문제에 대한 다윈의 입장을 해석하는 데 굉장히 핵심적이다. 때문에 이 단락은 불가피하게도 어느 정도 전략상의 곡해와 끈질기게 이어진 단편화된 인용 작업의 대상이 되었다. 몇몇 적대적인 주해자의 가장 흔한 과실은, 앞서 언급했던 것처럼, 이 단락의 마지막 문장만 따로 떼어내 인용하면서 다윈이 우생학을 지지한다고 몰아간 것이다. 하지만 이 논증 전체는 그 어떤 희생을 치르더라도 모든 종류의 장애인 보호책에 동의하는 것으로 이어진다. 여기서 '그 어떤 희생을 치르더라도'라는 표현을 사용하는 것은, 이타주의의 진보와 혼동되는 문명의 진보가 언제나 희생을 요하며 보통 위험을 강요하기 때문이다. 이례적인 경우이긴 한데, 이 발췌문에서 '이성'은 적어도 가설상으로는 공

---

134 『인간의 유래』, 5장, p. 222.

감과 대치되는 것처럼 보인다는 사실에 주목하게 된다. 골턴의 우생학이 바로 그 전형적인 예인데, 이 골턴의 우생학은 생물학적 이익만을 고려하여 좌우되는 합리성의 영역에 머물기 때문이다. 반면 다윈은 이 영역을 넘어서서 사회적 이익의 영역을 차지했다. 공감을 기반으로 하며 연대성, 약자의 구제, 원조를 내포하는 이 영역은 때로는 이 요소들의 퇴화적인 효과가 기술적·과학적·제도적 발전으로 보상되어 그 균형이 맞춰진다. 그러므로 합리성에는 열등한 합리성과 우등한 합리성이 존재하는 셈인데, 이는 이봉 키니우가 도덕법칙에 관해 지적한 바와 일관된다. 정의상 타자를 동류로 인정한다는 의미이며 지각 능력을 지닌 모든 존재에게 확장 가능한 공감은 당연히 지성의 초기 참여를 요하는데,[135] 이는 타자에게 반사된 자신의 모습을 인정하고, 타자를 또 다른 자아처럼 인정하는 데에 필요하다. 그리고 공감은 지성과 결합되어 다윈이 '고결' 혹은 '우월'하다고 표현한 행동과 제도를 만들어내는데, 다윈은 이처럼 이런 표현이 가치에 관한 진부한 유심론적 위계질서와 일치한다는 것을 모순으로 파악할 수 없었다. 공감과 이성은 문명으로의 진입을 허용했던 선택된 이익이며, 이 문명은 인류의 과거 상태에 비해 자신이 지닌 우월성을 역사적 증거로 남겼던 만큼, 공감 및 이성이 지닌 권위와 품격은 한 사회나 나라에서 주권의 표상, 권력의 상

---

135 이러한 지성(앞서 강조했듯이, 본질상 가류적인)의 참여 증거는 오류의 위험을 유발하며, 이는 개인적 본능의 쇠퇴로 약화된 각 개인의 수준에서 작용하는 도덕법칙의 극단성을 기능상 필연적으로 만든다.

징, 기본적인 신앙, 법 조항의 특징을 이루는 권위와 품격보다 선험적으로 하등 더 훌륭할 것이 없다. 도덕적 신념 또한 초월성 효과에 기반을 두며, 이 초월성 효과는 공동체가 개인에게 법을 강요함으로써 획득한 외재성으로부터 나온다. 법은 개인을 통제하는 한편, 개인의 복종에 대한 대가로 개인에 대한 보호를 보장한다. 계율의 내면화는 보호적 권력을 존중하도록 명령하는 동시에, 그것이 개인에게 강요하는 바에 관해 개개인이 결속되도록 하는 것이다. 따라서 프로이트가 정의한 대로의 승화야말로 도덕법칙의 초월성 효과라는 불가사의를 풀기 위해 살펴보아야 하는 기제이자 교육에 좌우되는 기제다. 칸트의 도덕법칙은 인류학적으로 볼 때 보편적이지도 절대적이지도 않다. 그러나 이 법칙은 보편성을 주장하며 스스로를 절대적이라고 내세운다. 이는 모든 신생 종교 및 정치권력이 행하는 바이며, 주체가 자신의 복종을 정당화하는 이유로 표방하는 바이기도 하다. 도덕법칙은 공동체적 요구의 내적 투사라는 방식으로 의식이라는 매체의 내면에 정착하는데, 이는 불복종에 영향받을 수 있는 모든 가능성을 근본적으로 배제함으로써 주체의 효과적인 복종을 이끌어낼 수밖에 없다. 이것이야말로 정치적 필요성에 의해 계율을 '절대적'으로 만드는 법의 공동체적 기능임을 쉽게 이해할 수 있다. 여기서 이 '절대적'이라는 감정은 도덕적 요구에 가해진 최소한의 제약조차 도덕의 기능을 방해할 수 있다는 사실로 설명되며, 도덕의 기능이 공동체적으로 유효하기 위해서는 모두에게 이 기능이 그 자체로 완전해야 한다. 그러고 나면 종교와 도덕의 진실은 정치가 유발한 심리학을 분석해야지만 드러날 수 있으며, 가치 (의 초월성)에 대한 감정은 도덕적 원동력을 유물론적으로 이해하고자 하는 모든 시도를 (심리적·사회발생적 표현을 사용하자면) 승화감 생성 과정의 관찰로 반드시 이끈다. 이는 자연스럽게 정치적·종교적 인류학으로, 그리고 정복의 사회적·개인적 심리학으로 이어진다.

제 5 장

다윈과 철학

／　　　　　　　따라서 다윈을 '철학자'로서 읽어내는 것
은 철학자들에게나 흥미로운 일이다. 아마도 이들은 다윈주의를 '철
학'으로 변모시키려는 시도를 앞으로도 절대 그만두지 않을 것이며,
이러한 시도는 언제나 오류이자 때로는 위험이 되기도 한다. 실제
로는, 철학의 서술적 전통과 개념적 무기는 다윈주의의 구조가 그
것의 일관성을 이해한다고 내세우는 이에게 요하는 것과 직면하게
된다. 첫째로 기원을 통한 이해라는 유물론적 논리인데, 이 논리는
과정을 앎으로써 현상을 이해하도록 요구한다. 둘째로 오늘날의 도
덕적 확실성을 진화적 경향의 지표로 삼아 계통발생학적 관점으로
재고하는 것이다. 이러한 시도는 철학과 종교가 서로 견줄 정도로
끈질기게 미화하는 '절대성'으로부터 도덕적 확실성을 무한히 멀어

지게 한다. 셋째로 종교적 믿음, 도덕적 신념, 철학적 견해를 통합적이고 상대적으로 취급하는 것이다. 이는 진화 역학과 결별하지는 않았으나 단지 진화적 경향의 점진적인 역전을 포함한 인류학의 용어로 이러한 성향의 유래를 설명하는 동시에, 이 요소들을 '보편'의 경향으로부터 벗어나게 만든다. 마지막 넷째로 강력한 심리적 착각이 사회적이고 개인적으로 형성되는 과정을 면밀히 관찰함으로써 이러한 착각을 비판하는 것이다. 이는 '문명'을 구성했고 앞으로도 계속 구성할 '가치'를 자연과 역사로부터(이 자연과 역사에 '절대'의 '초월성'을 부여함으로써) 벗어나게 하는 시도다.

　이처럼 가차 없고 필연적이며 명백한 내재성으로의 회귀 속에는, 철학이 하지 않기를 고수하는 몇 가지가 존재한다. 철학은 '숭고함'을 묘사하고 주해할 수 있었지만, 승화의 과정을 분석하지 않았다. 철학은 '자유'를 끝없이 묘사하고 주해할 수 있었지만, 자립의 실질적인 과정 하나하나를 묘사하는 데는 적합지 않다. 철학은 '가치'의 척도를 따르는 동시에 '절대적' 가치에 관한 수천 가지 담론을 파악하여 담론, 행위, 행동을 판단할 수 있지만, 가치 부여의 심리적 과정과 사회적 현상에 관해서는 스스로 아무것도 말할 수 없다. 이 모든 무력함의 중심에는 매순간 '초월'과 '보편', '절대'라는 관용구로 되돌아가게 하는 본질주의적·생물 불변론적 형이상학의 잔재가 자리한다. 철학은 신앙의 용어를 문자 그대로 받아들이고, 남용된 의식 상태에 관련된 가상의 요소를 실체화한다. 바로 그렇기 때문에 철학에서 벗어나, 용어가 물신화되는 과정의 진실을 비롯한 과정들의 진실을 말해야 한다. 프로이트는 심리학을 만들어내 이를 통해 철학(뿐 아니라 종교)을 해석해냈다. 마르크스는 역사적 유물론을 만들어내 이를 통해 철학(뿐 아니라 이념)을 평가했다. 다윈은 변이를 동반한 자연선택 유전 이론을 만들어내 이를 통해 철학(뿐 아니라 종교와 도덕)을 자기 자신의 이론에 통합 가능한 재료, 즉 진화의 자료나 산물로 파악했다. 다윈은 칸트를 인용하지만 도덕법칙의 절대성에도, 보편주의에도 동조하지 않았다. 비록 이 보편주의를 다윈은 문명의 확인된 진화적 경향의 이상적인 확장이자 지평으로 해석할 수도 있었지만, 그는 이 보편주의가 오늘날 문화의 다양성으로나, 과거 진화의 역사로나 사실상 부인되었다는 사실을 알았다. 다윈이 칸트를 인용하는 것은 '문명화된' 사회에 존재하는 도덕적 요구의 가장 극단적인 이미지를 보여주고자 함이었다. 이러한 도덕적 요구는 스스로 만들어낸 심리적 착각 속에 자신의 구체적인 결정을 감춘다. 이는 계율의 '절대적' 성격에 대한 착각이자, 충동의 포기를 명하며 이 명령 대상의 외부에 반드시 존재하는 '명령을 선언하는 심급'을 함축하는 정언 명령인 'Du sollst(행해야 한다)' 이면에 있는 암묵적 '초월성'에 대한 착각이다. 하지만 사실상 인간은 자신이 개인적으로 오류를 범할 수 있음을, 혹은 야수성이 재발할 수 있음을 알고 있기에, 그런 일로부터 자신을 지키기 위해 공동체적 가치의 절대적 명령을 고안해낸 것이며, 이러한 명령을 개인은 그의 단순하고 개인적인 인간성을 능가하는 것으로 받아들여야 하는 것이다. 그렇지만 다윈은 도덕적 의무감의 근원에 실재하는 '초월성'은 각자의 행동을 판단하는 척도가 되는 집단적 심급의 초월성뿐이라고 보았다. 또한 나의 외부에 존재하고 집단의 요구를 전달하며, 바로 그러한 이유로 나를 교육하고 판단하는 상대방인 타자의 초월성뿐이라고 보았다.[136] 그리고 결국 이러한 심급이 내적 투사된 것으로서, 바로 그러한 이유로 나의 지지도를 전달하며 판단하는 나의 고유한 도덕적 의식의 초월성뿐이다. 다윈이 다시금 칸트를 인용하는 것은, '나는 나 자신의 행동에 대한 최고의 판단자다'라고 말할 수 있는 행위에서 도덕적 의식이 수행하는 지점을 인정하기 위해서였다.[137] 이 표현에서 외부의 공동체적 심급이 명백히 삭제된 것은 그 심급이 사실상 주체에 완전히 통합되었다는 사실을 의미하는데,[138] 이성적 동기에서나 정서적 동기에서나 무엇이 옳은지 논의하고 정의를 택하는 것이 관념적으로 가능해졌던 것이다. 따라서 도덕법칙을 향한 복종의 기원을 이해하는 것도, 가치감의 유래를 이해하는 것도 철학의 몫이 아니다. 이는 실재론적 용어로 말하자면 유전학적·진화론적 심리사회학의 몫이다. 1870년대 초 다윈이 최초로 그 윤곽을 그렸던 이 학문은 근본적인 직관을 발전시키는 데에 마르크스를(그의 소외 이론, 물신 개념, 집합표상 이론을), 프로이트를(그의

---

136 바로 그렇기 때문에, 다윈에게서 반복하여 나타나는 주제인 '타인의 의견'에 부여된 가치가 문명에 중요한 것이다.

137 『인간의 유래』, 4장, p. 197.

138 게다가 이 문장의 주어는 같은 인용문 안에서 다음과 같이 선언한다. "나는 인류의 존엄성을 나 자신의 인격에 관해서도 저버리지 않을 것이다." 여기서 인류란 철학이 '보편'으로 명명하는 확장된 집단이다.

충동 이론, 승화 이론, 초자아 이론을), 모든 문화인류학과 역사비평을 필요로 했다. 사실상 문명적 변화에 관한 일반론을 만드는 데에 이러한 다양한 관점의 결합은 오늘날 유물론의 과학적 임무다. '해방'이라는 대주제를 중심으로 정연하게 진행되며 이제는 '생존'이라는 이성적 주제와 연결된 만큼, 마찬가지로 중대한 주제들에 관해서는 약간의 과학이 때로는 수많은 철학을 절약하게 해주는 셈이다.

참고문헌

AGASSIZ, Louis, *Contributions to the Natural History of the United States of America*, Boston (Mass.), Little, Brown & Company/London, Trübner, 1857–1862, 4 vol.

AIMÉ-MARTIN, Louis, *De l'éducation des mères de famille ; ou, de la civilisation du genre humain par les femmes*, Bruxelles, Méline, 1837.

ALLARD, Claude, et TORT, Patrick, ≪Présentation≫ de l'*Esquisse biographique d'un petit enfant*, dans P. Tort (dir.), *Pour Darwin*, Paris, PUF, 1997, p. 185 et suiv.

[ANONYME], *La Nature*, n° 1062, 7 octobre 1893.

ARGYLL, George Douglas Campbell, 8e duc d', *The Reign of Law*, London, Strahan, 1867.

———, *Primeval Man : An Examination of some Recent Speculations*, New York, George Routledge & Sons, 1869.

ARISTOTE, *Histoire des animaux*, Paris, Gallimard, 1994.

BAIN, Alexander, *Mental and Moral Science : A Compendium of Psychology and Ethics*, London, Longmans, Green, and Co., 1868.

BELL, Charles, *Essays on the Anatomy of Expression in Painting*, London, Longman, Hurst, Rees, and Orme, 1806.

———, *Essays on the Anatomy and Philosophy of Expression*, 2nd ed., London, John Murray, 1824.

———, *The Hand. Its Mechanism and Vital Endowments as Evincing Design. The Bridgewater Treatise on the Power, Wisdom and Goodness of God as Manifested in the Creation*. Treatise 4, 2nd ed., London, William Pickering, 1833.

———, *The Anatomy and Philosophy of Expression as Connected with the Fine Arts*, 3rd ed, enlarged (with a Preface by G. J. Bell and an Appendix by A. Shaw), London, John Murray, 1844.

BELT, Thomas, *The Naturalist in Nicaragua: A Narrative of a Residence at the Gold Mines of Chontales, and Journeys in the Savannahs and Forests*, London, John Murray, 1874.

BIANCONI, Giuseppe, *La teoria dell'uomo-scimmia esaminata sotto il rapporto della organizzazione*, Bologna, Tipi Gamberini e Parmeggiani, 1864.

———, *La Théorie darwinienne et la Création dite indépendante : lettre à M. Ch. Darwin*, Bologne, chez N. Zanichelli, 1874.

BLEEK, Wilhelm Heinrich, *Über den Ursprung der Sprache*[Sur l'origine du langage], herausgegeben mit einem Vorwort von Dr. Ernst Haeckel, Weimar, H. Böhlau, 1868.

BONNET, Charles, *Contemplation de la nature*[1764], dans *OEuvres*, t. 4, Neuchâtel, 1781.

BRAUBACH, Wilhelm, *Religion, Moral und Philosophie der Darwin'schen Artlehre nach ihrer Natur und ihrem Character als kleine Parallele menschlich geistiger Entwicklung*[Religion, morale et philosophie de la théorie darwinienne des espèces d'après sa nature et son caractère, parallèle réduit du développement de l'esprit humain], Neuwied, Hansen, 1869.

BREHM, Alfred Edmund, *Illustriertes Thierleben*, Hildburghausen, Verlag der Bibliographischen Instituts, 1864–1867.

BURKE, Edmund, *Philosophical Inquiry into Origin of our Ideas of the Sublime and Beautiful, with an Introductory Discourse Concerning Taste, and Several other Additions*[1757], London, Thomas McLean, 1823.

BUTLER, Joseph, *The Analogy of Religion, Natural and Revealed, to the Constitution and Course of Nature. To Which Are Added Two Brief*

Dissertations : I. Of Personal Identity. II. Of the Nature of Virtue, London, Printed for James, John and Paul Knapton, 1736.

CANDOLLE, Augustin Pyramus de, article 《Géographie botanique》 du *Dictionnaire des sciences naturelles* dirigé par Frédéric Cuvier, Strasbourg /Paris, Levrault, 1816–1830, t. 18, 1820, p. 359–422.

CARLYLE, Thomas, *Sartor Resartus*, In Three Books, Boston, James Munroe & Co., 1836 [édition et préface d'Emerson].

CONDILLAC, Étienne Bonnot, abbé de, *Essai sur l'origine des connoissances humaines, ouvrage où l'on réduit à un seul principe tout ce qui concerne l'entendement humain*, Amsterdam, P. Mortier, 1746.

COUCH, Jonathan, *Illustrations of Instinct Deduced from the Habits of British Animals*, London, van Voorst, 1847.

DALLY, Eugène, *L'Ordre des Primates et le Transformisme*, Paris, Reinwald, 1868 [extrait du *Bulletin de la Société d'Anthropologie*].

DARWIN, Charles, *Journal of Researches into the Geology and Natural History of the Various Countries Visited by HMS Beagle, under the Command of Captain FitzRoy, RN, from 1832 to 1836*, London, Henry Colburn, 1839.

————, *Esquisse au crayon de ma théorie des espèces(Essai de 1842)*, trad. Jean-Michel Benayoun, Michel Prum et Patrick Tort, précédé de Patrick Tort, 《Un manuscrit oublié》, Travaux de l'Institut Charles Darwin International, Genève, Éditions Slatkine, 2007.

————, *A Monograph of the Sub-class Cirripedia, with Figures of all the Species, vol. I, The Lepadidæ : or, Pedunculated Cirripedes of Great Britain*, London, The Ray Society, 1851.

————, *A Monograph of the Fossil Lepadidæ, or Pedunculated Cirripedes of Great Britain*, London, Palæontographical Society, 1851.

————, *A Monograph of the Sub-class Cirripedia* […], *vol. II, The Balanidæ (or Sessiles Cirripedes) ; The Verrucidæ, etc.*, London, The Ray Society, 1854.

————, *A Monograph of the Fossil Balanidæ and Verrucidæ of Great Britain*, London, Palæontographical Society, 1854.

————, *On the Origin of Species by Means of Natural Selection, or The Preservation of Favoured Races in the Struggle for Life*, London, John Murray, 1859.

————, *The Variation of Animals and Plants under Domestication*, London,

John Murray, 1868, 2 vol.

————, *La Variation des animaux et des plantes à l'état domestique*, sous la direction de P. Tort, trad. coordonnée par M. Prum, et précédée de P. Tort, ≪L'épistémologie implicite de Charles Darwin≫, Genève, Slatkine, 2008.

————, *The Descent of Man, and Selection in Relation to Sex*, Londres, John Murray, 1871, 2 vol.

————, *The Descent of Man, and Selection in Relation to Sex*, Londres, John Murray, 1874, 2 vol.[2e éd., comprenant la note additionnellede Th. H. Huxley.]

————, *La Descendance de l'Homme et la Sélection sexuelle*, trad. Jean-Jacques Moulinié, préface de C. Vogt, Paris, C. Reinwald et Cie, 1872, 2 vol.

————, *La Descendance de l'Homme et la Sélection sexuelle*, trad. Edmond Barbier, Paris, C. Reinwald et Cie, 1881, 2 vol.

————, *La Filiation de l'Homme et la Sélection liée au sexe*, Paris, Syllepse, 1999, 826 p., sous la direction de P. Tort, trad. coordonnée par M. Prum, et précédée de P. Tort, ≪L'anthropologie inattendue de Charles Darwin≫.

————, *On the Origin of Species by Means of Natural Selection, or the Preservation of Favoured Races in the Struggle for Life*, 6th ed., with additions and corrections, London, John Murray, 1872.

————, *The Expression of the Emotions in Man and Animals*, London, John Murray, 1872.

[————], *Report of the Royal Commission on the Practice of Subjecting Live Animals to Experiments for Scientific Purposes : with the Minutes of Evidence and Appendix*, Londres, Her Majesty's Stationery Office.[Le témoignage de Darwin, prononcé le 8 novembre 1875, se trouve p. 233–234, § 4662–4672.]

————, *La Vie et la Correspondance de Charles Darwin, avec un chapitre autobiographique, publiés par son fils, M. Francis Darwin*, traduit de l'anglais par Henry C. de Varigny, docteur ès sciences, Paris, C. Reinwald, 1888, 2 vol.

————, *The Autobiography of Charles Darwin, 1809-1882. With the Original Omissions Restored. Edited and with Appendix and Notes by his Grand-daughter Nora Barlow*, London, Collins, 1958.

————, *Natural Selection*, ed. by R. C. Stauffer, Cambridge University Press, 1975.

————, *The Collected Papers of Charles Darwin*, ed. by Paul H. Barrett, The University of Chicago Press, 1977, 2 vol.

[————], *The Correspondence of Charles Darwin*, ed. by Frederick Burkhardt et al., Cambridge University Press, vol. 1–15, 1985–2005.

[————], *Charles Darwin's Notebooks, 1836-1844. Geology, Transmutation of Species, Metaphysical Enquiries*, Transcribed and Edited by Paul H. Barrett, Peter J. Gautrey, Sandra Herbert, David Kohn & Sydney Smith, British Museum(Natural History), Ithaca, New York, Cornell University Press, 1987.

DARWIN, Charles, et WALLACE, Alfred Russel, ≪On the Tendency of Species to Form Varieties, and on the Perpetuation of Varieties by Natural Means of Selection≫, *Journ. Proc. Linn. Soc. Lond.(Zool.)*, vol. III, n° 9, 1858, pp. 45–62.

DARWIN, Erasmus, *Zoonomia ; or, the Laws of Organic Life*, London, J. Johnson, 1794–1796, 2 vol.

EMERSON, Ralph Waldo, *Nature*, Boston, James Munroe, 1836.

————, *Essays*, with a Preface by Thomas Carlyle, London, James Fraser, 1841.

FLOURENS, Pierre, *Résumé analytique des observations de M. Frédéric Cuvier sur l'instinct et l'intelligence des animaux*, Paris, Imprimerie royale, 1839.

GALTON, Francis, ≪Hereditary Talent and Character≫, *Macmillan's Magazine*, XII, 1865.

————, *Hereditary Genius : An Inquiry into Its Laws and Consequences*, London, Macmillan and Co., 1869.

GREG, William Rathbone, ≪On the Failure of "Natural Selection" in the Case of Man≫, *Fraser's Magazine*, septembre 1868.

HAECKEL, Ernst, *Generelle Morphologie der Organismen. Allgemeine Grundzüge der organischen Formen-Wissenschaft, mechanisch begründet durch die von Charles Darwin reformierte Descendenztheorie...*, Berlin, Georg Reimer, 1866, 2 vol.

————, *Der Monismus als Band zwischen Religion und Wissenschaft. Glaubensbekenntniss eines Naturforschers, vorgetragen am 9. Oktober 1892 in Altenburg beim 75-jährigen Jubiläum der Naturforschenden*

Gesellschaft des Osterlandes, Bonn, 1892.[Trad. française par Georges Vacher de Lapouge, Paris, Schleicher, 1905.]

HODGSON, Shadworth, *The Theory of Practice. An Ethical Enquiry*, London, Longmans, Green, Reader, and Dyer, 1870, 2 vol.

HUME, David, *Traité de la nature humaine*[1739–1740], trad. André Leroy, Paris, Aubier-Montaigne, 1973.

——, *An Enquiry Concerning the Principles of Morals*, London, A. Millar, 1751.

HUNT, James, *The Negro's Place in Nature : A Paper Read Before the London Anthropological Society*, New York, Van Evrie, Horton & Co, 1864.

HUXLEY, Thomas Henry, *Evidence as to Man's Place in Nature*, London, Williams & Norgate, 1863.

——, *De la Place de l'Homme dans la nature*, trad. Eugène Dally, Paris, Baillière, 1868.

——, *Leçons de physiologie élémentaire*, traduites de l'anglais sur la 3e édition, par le Dr E. Dally, Paris, C. Reinwald, 1869.

KIELMEYER, Karl Friedrich von, *Über die Verhältnisse der organischen Kräfte unter einander in der Reihe der verschiedenen Organisationen, die Gesetze und Folgen dieser Verhältnisse...*[≪Sur les rapports des forces organiques entre elles dansla série des divers êtres organisés, et sur les lois et les conséquences de ces rapports≫, discours prononcé le 11 février 1793 à l'occasion de l'anniversaire de Carl de Wurtemberg], Stuttgart, 1793.

LA FONTAINE, Jean de, *Discours à Madame de la Sablière, sur l'âme des animaux*[1678], Genève, Droz/Lille, Giard, 1967.

LALANDE, André, *Les Illusions évolutionnistes*, Paris, Alcan, 1930.

LAMARCK, Jean-Baptiste Pierre Antoine de Monet, chevalier de, *Discours d'ouverture des Cours de zoologie, donnés dans le Muséum d'Histoire naturelle(An VIII, X, XI et 1806)*, reproduits et précédés d'un avant-propos par Alfred Giard, avec une introduction bibliographique par Marcel Landrieu, Lille, Imprimerie de L. Danel, 1907.

——, *Philosophie zoologique, ou Exposition des considérations relatives à l'histoire naturelle des animaux*, Paris, Dentu, 1809.

LANDOR, Henry, *Insanity in Relation to Law : Read Before the Association of Officers of Asylums for the Insane of the United States and Canada, at Toronto, June 8, 1871*, London(Ontario), Daily Free Press, 1871, p. 22.

LAVATER, Johann Caspar, *Essays on Physiognomy; for the Promotions of the Knowledge and the Love of Mankind*, Translated into English by Thomas Holcroft, 2nd Edition, to Which is Added One Hundred Physiognomical Rules, and Memoirs of the Life of the Author, London, Symonds, 1804, 3 vol.

————, *L'Art de connaître les hommes par la physionomie*, Paris, Depélafol, 1820, 10 vol.

LE BRUN, Charles, *The Conference of Monsieur Le Brun, Chief Painter to the French King*, [···] Upon Expression, London, John Smith, 1701.

LECKY, William, *History of the Rise and Influence of the Spirit of Rationalism in Europe*, London, Longman, Green, Longman, Roberts, & Green, 1865.

————, *History of European Morals*, London, Longmans, Green, 1869, 2 vol.

LE ROY, Charles Georges, *Lettres philosophiques sur l'intelligence et la perfectibilité des animaux, avec quelques lettres sur l'homme*. Nouvelle édition, à laquelle on a joint des lettres posthumes sur l'homme, du même auteur, Paris, impr. de Valade, an X–1802.

LESSING, Gotthold Ephraim, *Laocoon; or the Limits of Poetry and Painting*, London, Ridgeway, 1836.

LEUCKART, Rudolf, ≪Vesicula Prostatica≫, in vol. 4(1852) of *The Cyclopaedia of Anatomy and Physiology*, edited by Robert Bentley Todd, London, 1835–1859, 5 vol.

LÉVY–BRUHL, Lucien, ≪La morale de Darwin≫, dans *Revue politique et littéraire*, XXXI, n° 6, 10 février 1883.

L'HÉRITIER, Philippe, et TEISSIER, Georges, ≪Une expérience de sélection naturelle. Courbe d'élimination du gène *Bar* dans une population de *Drosophila melanogaster*≫, *Comptes rendus des Séances de la Société de Biologie*, 117, 1934, pp. 1049–1051.

LIMOGES, Camille, *La Sélection naturelle*, Paris, PUF, 1970.

LINDSAY, William Lauder, *On the Transmission of Diseases Between Man and the Lower Animals*, Edinburgh, printed by A. Jack, 1858, p. 16[tiré à part de l'*Edinburgh Veterinary Review and Annals of Comparative Pathology*, juillet 1858].

————, *Insanity in the Lower Animals*, s.l.n.d.[Londres, 1871], p. 37.

————, *The Physiology and Pathology of Mind in the Lower Animals*,

Edinburgh, 1871, p. 19.

―――, ≪Physiology of Mind in the Lower Animals≫, *Journal of Mental Science*, avril 1871.

―――, ≪Madness in Animals≫, *Journal of Mental Science*, juillet 1871.

LOCKE, John, *An Essay Concerning Human Understanding*, London, printed by M. J. for A Churchill ; and Edm. Parker⋯, M.DCC.XXVI[1726].

LUBBOCK, John, *The Origin of Civilisation and the Primitive Condition of Man : Mental and Social Conditions of Savages*, London, Longmans, Green, and Co., 1870.

MALTHUS, Thomas Robert, *An Essay on the Principle of Population ; or, A View of its Past and Present Effects on Human Happiness ; with an Inquiry into our Prospects Respecting the Future Removal or Mitigation of the Evils which it Occasions*[1798], 6th Edition, London, John Murray, 1826, 2 vol.

MECKEL, Johann Friedrich, ≪Entwurf einer Darstellung der zwischen dem Embryozustande der höheren Tiere und dem permanenten der niederen stattfindenden Parallele≫[Esquisse d'une représentation du parallélisme existant entre les états embryonnaires des animaux supérieurs et les états permanents des inférieurs≫], *Beyträge zur vergleichenden Anatomie*, vol. II, Leipzig, Reclam, 1811.

MILL, John Stuart, ≪Review of the Works of Samuel Taylor Coleridge≫, *Westminster Review*, 33, 1840.

―――, *Utilitarianism*, London, Parker, Son, and Bourn, 1863.

MOGGRIDGE, John Traherne, *Harvesting Ants and Trap-door Spiders. Notes and Observations on their Habits and Dwellings*, London, L. Reeve and Co., 1873.

MORGAN, Lewis Henry, *The American Beaver and His Works*, Philadelphia, J. B. Lippincott & Co., 1868.

MÜLLER, Fritz, *Für Darwin*, Leipzig, Wilhelm Engelmann, 1864.

MÜLLER, Max, *Lectures on the Science of Language, Delivered at the Royal Institution of Great Britain in April, May, and June, 1861*, London, Longman, Green, Longman and Roberts, 1861.

―――, ≪Lectures on Mr Darwin's Philosophy of Language≫, *Fraser's Magazine*, May, 1873.

OKEN, Lorenz, *Lehrbuch der Naturgeschichte*, Leipzig, C. H. Reclam /

Jena, A. Schmid, 1813−1826, 3 vol.

ØRSTED, Hans Christian, *The Soul in Nature*, London, Henry G. Bohn, 1852.

PALEY, William, *Natural Theology : or, Evidences of the Existence and Attributes of the Deity, Collected from the Appearances of Nature*, R. Faulder and Son, 1802.

PARK, Mungo, *Travels in the Interior Districts of Africa : Performed under the Direction and Patronage of the African Association, in the Years 1795, 1796, and 1797. By Mungo Park, Surgeon. With an Appendix Containing Geographical Illustrations of Africa. By Major Rennell*, 3rd ed., London, W. Bulmer, 1799[http://www.sc.edu/library/spcoll/sccoll/africa/park.jpg].

PASCAL, Blaise, *Pensées de M. Pascal sur la religion, et sur quelques autres sujets*, Saint-Étienne, Éditions de l'Université de Saint-Étienne, 1971[fac-similé de l'édition de Port−Royal, Paris, G. Desprez, 1670, et de divers compléments].

PIERQUIN DE GEMBLOUX, Claude Charles, *Traité de la folie des animaux, de ses rapports avec celle de l'homme et les législations actuelles, précédé d'un Discours sur l'Encyclopédie de la folie, et suivi d'un Essai sur l'art de produire la folie à volonté* [⋯], revu par Georges et Frédéric Cuvier, Magendie, Schnoell, Mathey, Huzard, etc., Paris, Béchet jeune, 1839, 2 vol.

―――, *Réflexions sur le sommeil des plantes*, Châteauroux, impr. de Migné, 1839.

―――, *Idiomologie des animaux, ou Recherches historiques, anatomiques, physiologiques, philologiques, et glossologiques sur le langage des bêtes*, Paris, à la Tour de Babel, 1844.

PLUCHE, [Noël] Antoine, abbé, *Le Spectacle de la nature, ou Entretiens sur les particularités de l'Histoire naturelle, qui ont paru les plus propres à rendre les jeunes gens curieux et à leur former l'esprit*, à Paris, chez la Vve Estienne, huit tomes en neuf volumes, 1732−1750 : I. Ce qui regarde les animaux et les plantes, 1732 ; II et III. Ce qui regarde les dehors et l'intérieur de la terre, 1735 ; IV. Ce qui regarde le ciel et les liaisons des différentes parties de l'univers avec les besoins de l'homme, 1739 ; V. Ce qui regarde l'homme considéré en luimême, 1746 ; VI−VII. Ce qui regarde l'homme en société, 1746 ; VIII,

1–2. Ce qui regarde l'homme en société avec Dieu, 1750.

POUCHET, GEORGES, ≪L'instinct chez les Insectes≫, *Revue des Deux Mondes*, février 1870.

POWELL, Baden, *Essays on the Spirit of the Inductive Philosophy, the Unity of Worlds, and the Philosophy of Creation*, London, Longman, Brown, Green, and Longmans, 1855.

PROUDHON, Pierre Joseph, *Qu'est-ce que la propriété? ou Recherches sur le principe du droit et du gouvernement*, Paris, J.–F. Brocard, 1840.

QUATREFAGES, Armand de Bréau de, *L'Espèce humaine*, Paris, Baillière, 1877.

QUINIOU, YVON, *Nietzsche ou l'impossible immoralisme*, Paris, Kimé, 1993.

————, Études matérialistes sur la morale, Paris, Kimé, 2002.

RABAUD, Étienne, *La Tératogenèse*, Paris, O. Doin et Fils, 1914.

ROMANES, George John, *Animal Intelligence*, London, Kegan Paul / Trench, 1882.

————, *L'Intelligence des animaux*, précédée d'une préface sur l'évolution mentale par Edmond Perrier, tome second, ≪Les Vertébrés≫, Paris, Félix Alcan, 1887.

————, *Mental Evolution in Animals. With a Posthumous Essay on Instinct by Charles Darwin*, London, Kegan Paul, Trench, 1883.

RUPP–EISENREICH, Britta, ≪Hunt, James≫, dans P. Tort(dir.), *Dictionnaire du darwinisme et de l'évolution*, Paris, PUF, 1996, vol. II, p. 2290–2292.

SCHAAFHAUSEN, Hermann, ≪On the Primitive Form of the Skull≫, *Anthropological Review*, octobre 1828.

SERRES, Étienne, *Précis d'anatomie transcendante appliquée à la physiologie*, Paris, Gosselin, 1842.

SPENCER, Herbert, *A System of Synthetic Philosophy*, London–Edinburgh, Williams and Norgate, 1862–1896, 15 vol.

STEPHEN, Leslie, *Essays on Free-thinking and Plain-speaking*, London, Longmans, Green, and Co., 1873.

STEWART, Dugald, ≪Dissertation First : Exhibiting a General View of the Progress of Metaphysical, Ethical, and Political Philosophy Since the Revival of Letters in Europe≫, in *Supplement to the 4th, 5th & 6th Editions of the Encyclopædia Britannica : with Preliminary*

Dissertations on the History of the Sciences, Edinburgh, printed for A. Constable ; London, Hurst, Robinson, 1815–1824, vol. 1 (1815) et 5 (1824).

TORT, Patrick, *L'Ordre et les Monstres*, Paris, Le Sycomore, 1980, rééd. Syllepse, 1998.

————, *La Pensée hiérarchique et l'Évolution*, Paris, Aubier, 1983.

————(dir.), *Misère de la sociobiologie*, Paris, PUF, 1985.

————(dir.), *Darwinisme et Société*, Paris, PUF, 1992.

————(dir.), *Dictionnaire du darwinisme et de l'évolution*, Paris, PUF, 1996, 3 vol.

————, ≪Effet réversif de l'évolution≫, dans *Dictionnaire du darwinisme et de l'évolution*, Paris, PUF, 1996, vol. I, pp. 1334–1335.

————, ≪Queue≫, dans *Dictionnaire du darwinisme et de l'évolution*, Paris, PUF, 1996, vol. III, p. 3594.

————, ≪Race, racisme≫, dans *Dictionnaire du darwinisme et de l'évolution*, Paris, PUF, 1996, vol. III, pp. 3610–3613.

————, *Spencer et l'Évolutionnisme philosophique*, Paris, PUF, ≪Que sais-je?≫ n° 3214, 1996.

————(dir.), *Pour Darwin*, Paris, PUF, 1997.

————, *Darwin et la Science de l'évolution*, Paris, Découvertes Gallimard, 2000.

————, *Fabre. Le miroir aux insectes*, Paris, Vuibert / Adapt, 2002.

————, *La Seconde Révolution darwinienne(Biologie évolutive et théorie de la civilisation)*, Paris, Kimé, 2002.

————, ≪La double révolution darwinienne≫, *Sciences et Avenir*, hors-série, n° 134, ≪Le Monde selon Darwin≫, avril-mai 2003, pp. 10–13.

————, *Darwin et la Philosophie*, Paris, Kimé, 2004.

————, *Darwin et le Darwinisme*, Paris, PUF, coll. ≪Que sais-je?≫ n° 3738, 2005.

————, *Darwin et la Religion(La conversion matérialiste)*, Paris, Ellipse, 2008.

TORT, Patrick, et GUY, Yves, ≪Transcendance évolutive≫, dans *Dictionnaire du darwinisme et de l'évolution*, Paris, PUF, 1996, vol. III, p. 4317.

TOWNSEND, Joseph, *A Dissertation on the Poor Laws by a Well Wisher to Mankind*, London, C. Dilly, 1786.

VOGT, Carl, *Leçons sur l'Homme, sa place dans la création et dans l'histoire de la Terre*, trad. Jean-Jacques Moulinié, revue par l'auteur, Paris, C. Reinwald, 1865[http://gallica2.bnf.fr/ark:/12148/bpt6k209328h. r=.langFR].

VULPIAN, Alfred, *Leçons sur la physiologie générale et comparée du système nerveux faites au Muséum d'Histoire naturelle*, rédigées par Ernest Brémond, revues par le Professeur, Paris, Baillière, 1866.[Recueil de leçons de l'année 1864 publiées d'abord par Ernest Brémond dans la Revue des cours scientifiques, 1re et 2e années, 1863–1864, 1864–1865.]

WALLACE, Alfred Russel, *Contributions to the Theory of Natural Selection*, London, Macmillan, 1870.

WARBURTON, William, *Essai sur les hiéroglyphes des Égyptiens*[1738], éd. P. Tort, précédé de ≪Scribble(pouvoir/écrire)≫ par Jacques Derrida, et de ≪Transfigurations(archéologie du symbolique)≫ par Patrick Tort, Paris, Aubier, 1978.

WHEWELL, William, *History of the Inductive Sciences, from the Earliest to the Present Times*, London, John W. Parker and Sons, 1837, 3 vol.

WHITNEY, William Dwight, *Oriental and Linguistic Studies*, New York, Scribner, Armstrong and Company, 1873.

옮긴이의 말

　　　　　　　　지난 2009년은 찰스 다윈 탄생 200주년
이 되는 해였다. 더불어 『종의 기원』 출간 150주년을 기념하는 해
이기도 하여, 다윈이 현대사회에 남긴 업적과 의의를 재조명하려는
시도가 국내외적으로 활발하게 이루어졌다. 다윈이 태어난 영국의
바로 옆 나라 프랑스도 예외가 아니었는데, 파리 시청의 주최로 찰
스 다윈 탄생 200주년 기념 전시회 '다윈의 발자취를 따라서Dans les
pas de Charles Darwin'가 열렸으며, 과거 판본들보다 훨씬 더 충실한 주
석과 해박한 서문이 실린 『종의 기원』 결정판이 출간되었다. 당시
찰스다윈국제연구소 소장이자 이 책『다윈에 대한 오해』의 저자인
파트리크 토르는 위 전시회에서 과학감수위원을 맡았으며, 『종의
기원』 결정판 작업의 핵심 지휘자였다.(모든 주석과 서문을 직접 작

성하기도 했다.)

요즘 말로 하자면 '다윈 덕후'라 할 수 있는 저자 파트리크 토르는 굉장히 독특한 이력의 소유자다. 본디 대학에서는 18세기 문학을 전공했으며, 미셸 푸코의 강의를 청강하다 자크 데리다와 인연을 쌓아 이후 함께 문예지 창간 작업을 하기도 했다. 대학원에서는 디드로 문학의 역사학적 기원을 연구했으며, 고등사범학교에서는 철학과 언어학 박사학위를 취득한다. 이후 코트디부아르 대학에서 철학과 교육학을 강의하는 한편, 순수 인문학뿐 아니라 자연과학, 심리학, 사회학 등 다방면에 걸친 폭넓고도 심도 있는 연구를 해나간다.(이 책이 단순히 생물학적 차원의 자연과학서일 수 없는 이유가 바로 여기에 있다.) 이 박학다식한 르네상스형 연구자는 마침내 1980년 아비장에서 다윈을 주제로 강연을 하는데, 이 강연이야말로 그가 주창한 '진화의 가역적 효과'에 대한 첫 공개적 설명이었다.

이후 독립 연구자로 지내며 사회과학 분야에서 저술 활동을 활발하게 펼치던 그는 생물변이설과 직간접적으로 관련된 모든 자연과학적 지식을 총망라한 『다윈 사전』을 편찬할 결심을 한다. 1986년(출판사와 출간 계약을 맺기도 전에) 홀로 작업을 시작한 토르는 이후 진화론 연구 분야에서 프랑스 안팎의 최고 권위자들과 함께 편찬 작업을 진행했다. 총 5000쪽 분량의 『다윈 사전』은 각국의 다윈주의 역사가 기록하고 있을 뿐 아니라 다윈이 인용한 저자들에 관한 개별적인 해제까지 달아놓은, 가히 진화론 연구를 집대성한 대작이라고 할 만했다. 1996년 출간된 직후 국립과학아카데미에서 선정하는 앙리드파르빌상을 수상하기도 한 이 책은 찰스 다윈 연구사에 한 획을 그은 거대한 학문적 시도였다.

하지만 파트리크 토르는 다윈 이론을 집대성하는 데에 만족하지 않았다. 그의 궁극적인 목표는 무엇보다도 다윈에 대한 '끈질긴 오해'를 불식시키고 진화론의 진면목을 제대로 알려 '대중이 다윈에 대해 지닌 이미지'를 바로잡는 것이었다. 다윈은 일반적으로 '적자생존 법칙'의 아버지로 일컬어지면서 "야만적 식민주의, 문화학살, 노예제, 성차별주의" 등에 책임이 있다고 알려졌다. 하지만 사실상 다윈은 이 모든 것에 일생 반대했으며, 특히 『인간의 유래』에서는 여기에 맞서 싸우기 위한 이론적 논거들을 제시하기도 했다. 이 책 『다윈에 대한 오해』는 바로 이처럼, 학계에서는 이미 서서히 반박되고 있는 다윈에 관한 끈질긴 오해를 세간에서도 바로잡고자 하는 소명의식에서 탄생한 책이다.

저자가 말하는 '다윈 효과'의 핵심은 결국 '진화의 가역적 효과'에 있다. 진화의 가역적 효과를 그는 이렇게 설명한다.

엄밀한 선택 법칙의 통제를 받는, 편의상 자연의 영역이라 명명된 것이 이러한 선택 법칙의 자유로운 작용과 대립되는 행동이 일반화되고 제도화되는 문명화된 사회의 상태로 이행한다.

이를 다시 설명해보자. 다른 모든 동물과 마찬가지로 인간 역시 자연선택이라는 상황에 놓였다. 하지만 인간이 선천적으로 갖고 있는 신체적 약점은 인간을 지능의 발달 및 협력과 공감으로 이끌었고, 이는 '사회적 본능'이라는 이름의 아주 강력한 무기가 되었다. 사회적 본능은 이후 고도로 발달하여 문명화를 실현시켰고, 문명은 (자연 상태에서 행해질) 약자의 도태 대신 원조 및 갱생을 권장하는 구제의 의무를 인간에게 안겼다. 결국 자연선택은, 자연선택의 반대항인 '문명'을 스스로 선택한 셈이다.

일견 급작스러워 보이는 이러한 이행 과정을, 저자는 뫼비우스의 고리라는 도식을 사용하여 설명한다. 정규 교육과정에 등장하기도 하는 이 도식을 실제로 만들려면, 종이끈의 한쪽을 한 번 꼬아준 뒤 다른 쪽에 붙이면 된다. 그럼 원래 존재하던 두 면 사이의 구분이 완전히 사라져 면이 단 한 개가 된다. 저자에 따르면, 이 뫼비우스의 고리야말로 위에서 설명한 '자연에서 문명으로의 이행'이 아무런 단절 없이 실현될 수 있음을 가시적으로 보여준다.

두 면을 지닌 띠가 한 면만 지닌 고리로 탈바꿈하는 모습은, 시공간상의 분리 및 대립에 기반을 둔 자연에 대한 생물 불변론적이며 본질주의적인 사고가, 상이하거나 대립적인 현실로부터 어느 현실의 비약 없는 점진적인 형성이라는 해석으로 바뀌는 것을 상징한다. (중략) 이처럼 도태적 선택에 지배되는 '자연'이라는 면을 이타적이며 연대적인 행동에 지배되는 '문명'이라는 면으로 이끄는 것은 단절이 아닌 가역적 연속성이다.

이처럼 다윈은 자연선택을 통해 약자의 도태를 정당화하기는커녕, 오히려 자연선택에 의해 인간이 문명화됨으로써 뛰어난 공감능력과 협동심을 지닌 '사회적 동물'로 진화했음을 이론적으로 증명해보였다. 그는 여기서 한층 더 나아가, 문명의 진화적 승리는 공감의 무한 확장을 촉발하며, 공감의 무한 확장은 결국 보편적 평화로 이어진다고 주장했다.(다윈은 같은 나라 사람, 이후에는 모든 나라와 모든 인종의 사람, 최종적으로는 지각 능력을 지닌 모든 존재로 공감을 확대할 것을 권했다.) 그런 다윈에게 미개인이란 '약자의 제거라는 시대에 뒤떨어진 자연선택에 여전히 사로잡혀 있는 자'를, 문명인이란 '타자를 동류로 열등한 이를 이웃으로 인정하며 약자를 보호하는자'를 의미했다.

그뿐 아니라 당시 영국에서 다윈만큼 인종주의에 맹렬하게 반대했던 사상가도 드물었다. 대대로 노예제를 반대한 인문주의자 가문에서 태어난 다윈은, 노예들이 겪는 잔혹한 처사를 두 눈으로 직접목격한 후 개인적 차원에서 더욱 노예제를 반대하게 되었다. 일기나 공책, 지인과 주고받은 서신 등 다윈의 개인적 기록에는 시종일관 노예제에 반대해온 흔적이 깊게 남겨져 있다. '문명인'이 지닌 위대함이 인종의 존재를 부정하는 것이 아니라 다른 인종을 인정하고사랑하는 것에 있다고 보았던 것이다.

그렇다면 어째서 다윈과 그의 진화 사상에 관해 이토록 크나큰오해가 생긴 것일까? 저자는 다양한 각도에서 그 원인을 분석하는데, 그중 가장 큰 원인은 다윈이 사용한 각종 개념(자연선택, 열위/

우위 등)의 오용이라고 보았다. 다윈의 개념들은 이후 스펜서 등의 사회적 다윈주의자들에 의해 수없이 일탈되고 이념적으로 덧칠된 의미로 사용되었고, 원래의 의미보다는 이 후자의 용례가 더 큰 영향력을 행사했던 것이다. 다윈의 사상이 전반적인 몰이해와 이념적 탈선으로 얼룩지게 된 현상의 핵심은 바로 여기에 있었다.

우리나라에서도 쉽게 찾아볼 수 있는 이러한 오해 현상을 다양한 각도로 치밀하게 파헤친 『다윈에 대한 오해』는 반드시 필요한 책이지만, 다루는 내용의 범위와 깊이가 모두 상당한 만큼 독자에게 많은 노력을 요한다. 역자에게도 이 책은 하나의 도전이나 마찬가지였지만, 들인 수고와 보람이 아깝지 않을 정도로 깊이 있는 울림과 성찰을 얻을 수 있었다. 힘든 여정을 마친 독자 여러분 역시 그런 귀한 선물을 받게 되리라고 굳게 믿는다. 이 책이 국내 독자들에게 오래도록 사랑받고, 또 한편으로 진화론에 대한 고정관념을 바로잡기 위한 논의의 물꼬를 트는 계기가 되길 바란다. 훌륭한 책을 번역할 기회를 주고 졸고를 바로잡느라 애써준 글항아리 편집부에 감사의 마음을 전한다.

찾아보기

다윈에 대한 오해

초판 인쇄 2019년 5월 10일
초판 발행 2019년 5월 17일

지은이 파트리크 토르
옮긴이 박나리
펴낸이 강성민
편집장 이은혜
편집 심성미 박은아 곽우정
독자모니터링 황치영
마케팅 정민호 정현민 김도윤
홍보 김희숙 김상만 이천희

펴낸곳 (주)글항아리 | 출판등록 2009년 1월 19일 제406-2009-000002호
주소 10881 경기도 파주시 회동길 210
전자우편 bookpot@hanmail.net
문의전화 031)955-8891(마케팅), 031)955-1936(편집)
팩스 031)955-2557

ISBN 978-89-6735-480-0 03470

• 글항아리는 (주)문학동네의 계열사입니다.
• 이 도서의 국립중앙도서관 출판시도서목록(CIP)은 서지정보유통지원시스템 홈페이지
  (http://seoji.nl.go.kr)와 국가자료공동목록시스템(http://www.nl.go.kr/kolisnet)에서
  이용하실 수 있습니다. (CIP제어번호:2018002103)